小学2年

分野別 算数ドリル

# 1 時間と時こく

清風堂書店

# 本シリーズの特色&使い方

小学校で習う算数には、いろいろな分野があります。

計算の分野なら、たし算・ひき算・かけ算・わり算などの四則計算があり、4年生ぐらいで一通り学習します。これらの基礎をもとにして小数の四則計算、分数の四則計算などが要求されます。

図形の分野なら、三角形、四角形の定義からはじめ、正方形、長方形の性質、面積の計算、さらに平行四辺形の面積や三角形、台形、ひし形の面積、円の面積なども求めることが要求されます。体積についても同じです。

長さ・かさ・重さなどの単位の学習は、ほとんど小学校で習うだけで、中学以降はあまりふれられません。これらの内容は、しっかり習熟しておく必要があります。

本シリーズは、次の6つの分野にしぼって編集しました。

| | | |
|---|---|---|
| ① **時間と時こく** | ② **長さ・かさ・重さ** | ③ **小数・分数** |
| ④ **面積・体積** | ⑤ **単位量あたり** | ⑥ **割合・比** |

1日1項目ずつ学習すれば、最短で16日間、週に4日の学習でも1か月で完成します。子どもたちが日ごろ使っている学習ノートをイメージして編集したので、抵抗感なく使えるものと思います。

また、苦手意識を取り除くために、「うそテスト」「本テスト」「たしかめ」の3ステップ方式にしています。

本シリーズで苦手分野を克服し、算数が好きになってくれることを祈ります。

ステップ1

厳選された基本問題をのせてあります。

薄い文字などを問題自体につけて、その問題を解くために必要な内容をアドバイスしています。ゆっくりで構いませんので、取り組みましょう。

また、右ページの上には、その項目のねらいをかきました。

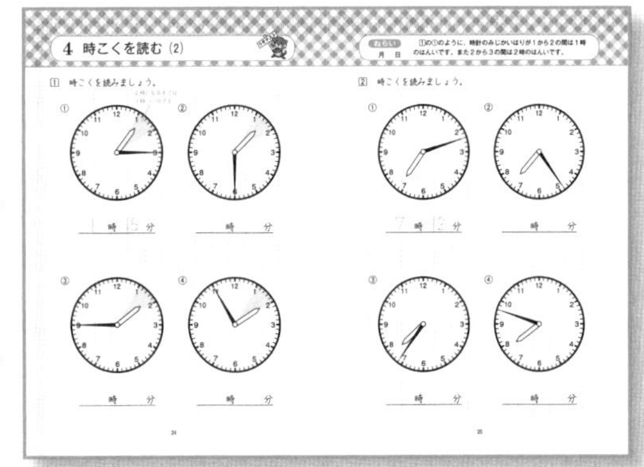

ステップ2

苦手意識をもっている子でも、取り組みやすいように「うそテスト」と同じ問題をのせてあります。一度、解いているのでアドバイスなしで解きます。

ここで満点をとって大いに自信をつけてもらいます。

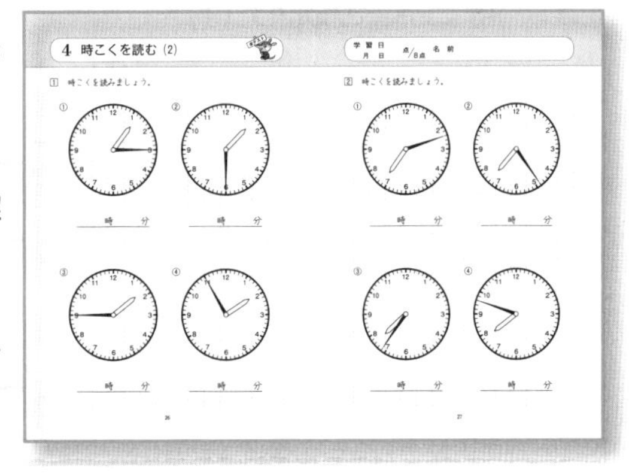

ステップ3

本テストの内容と数が少し変わっている問題をのせてあります。

これができていればもう大丈夫です。

次の項目に進みましょう。

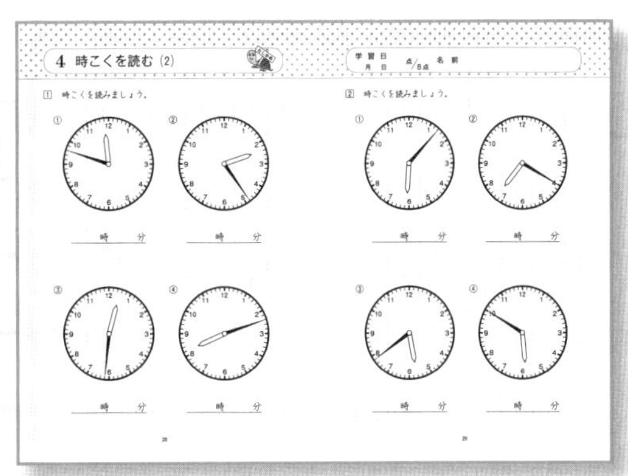

# 目次&学習記録

学習日、成績をかいて、完全理解をめざそう！

# 1 時計 (1)

1 つぎの時計を見て答えましょう。

0 1 2 3 4 5 6 7 8 9

12 1 2 11

① ◯に、時計の数字をかきましょう。

② 時こくは、何時ですか。　2 時

③ 1時間たつと、何時ですか。　時

**ねらい**　　時計をしっかり見ましょう。1，2，3，……，12 は「時」をあらわします。小さいめもりは「分」をあらわします。

月　　日

② つぎの時計を見て答えましょう。

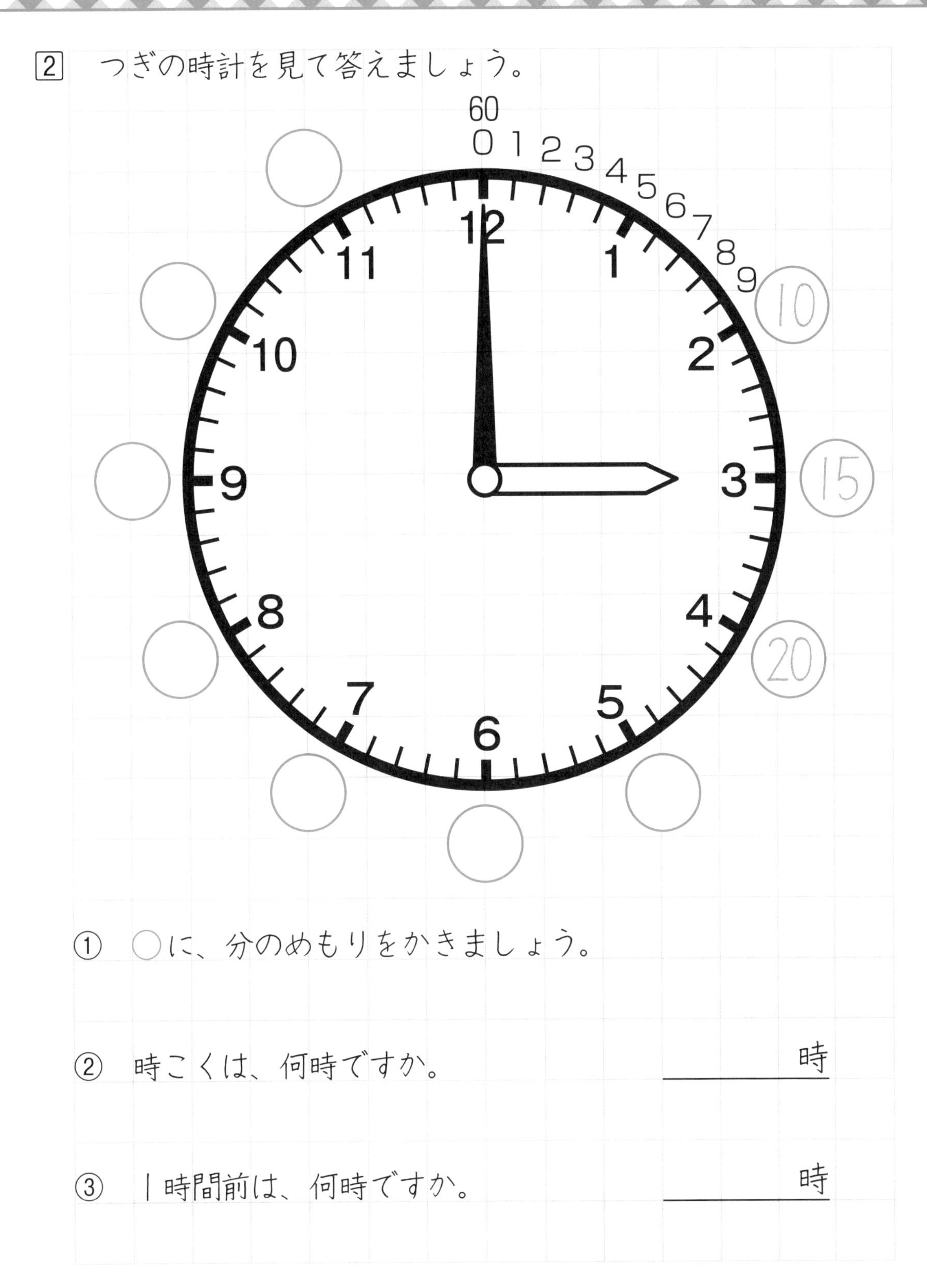


① ◯に、分のめもりをかきましょう。

② 時こくは、何時ですか。　＿＿＿＿時

③ １時間前は、何時ですか。　＿＿＿＿時

# 1　時計 (1)

1　つぎの時計を見て答えましょう。

① ◯に、時計の数字をかきましょう。

② 時こくは、何時ですか。　＿＿＿＿時

③ 1時間たつと、何時ですか。　＿＿＿＿時

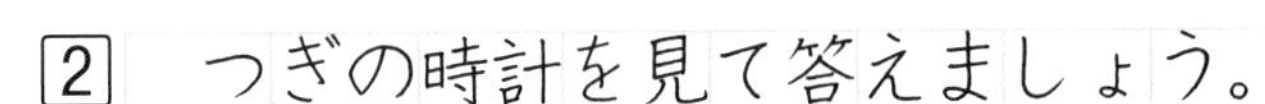

2 つぎの時計を見て答えましょう。

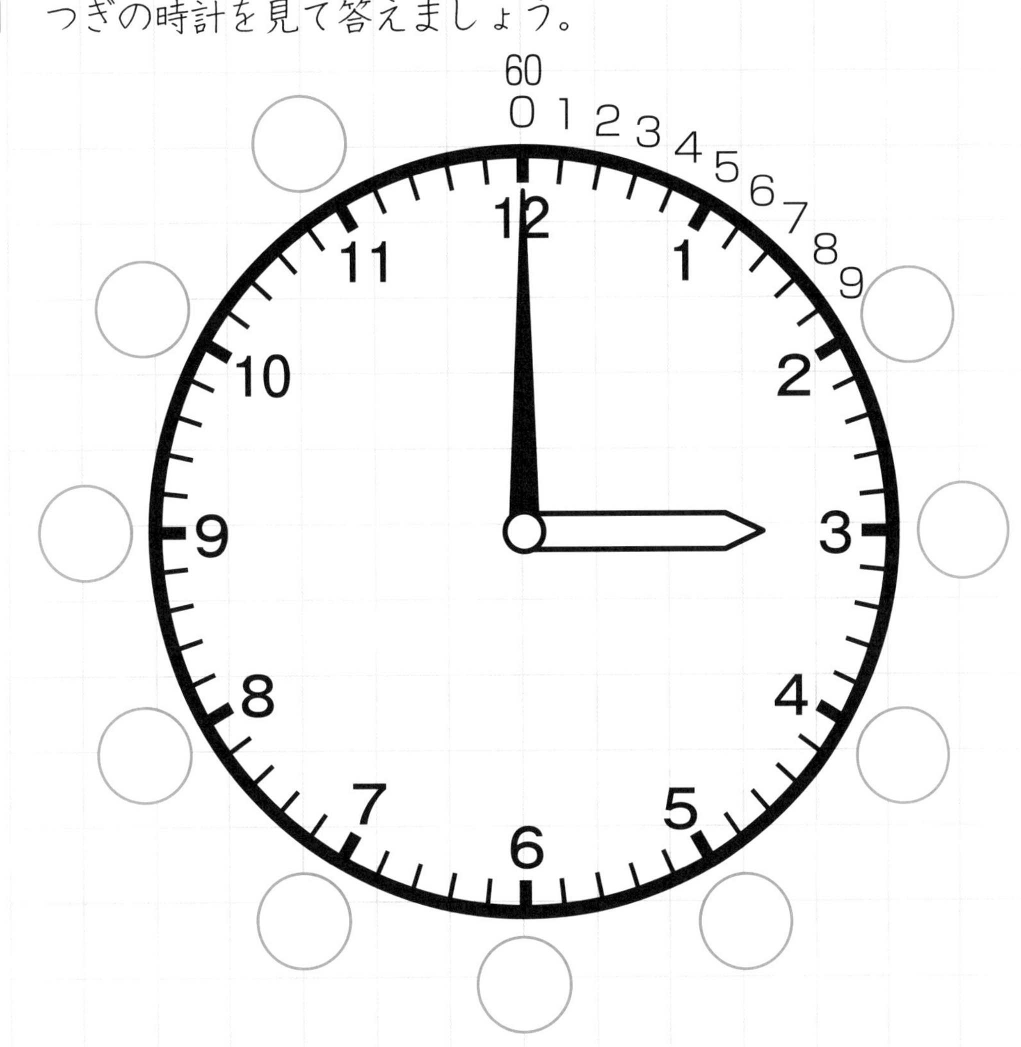


① ○に、分のめもりをかきましょう。

② 時こくは、何時ですか。 ＿＿＿＿時

③ 1時間前は、何時ですか。 ＿＿＿＿時

# 1 時計 (1)

1 つぎの時計を見て答えましょう。

60
0 1 2 3 4 5 6 7 8 9
12

① ◯に、時計の数字をかきましょう。

② 時こくは、何時ですか。 ＿＿＿時

③ 2時間たつと、何時ですか。 ＿＿＿時

学習日　　月　日　　点/6点　名前

2　つぎの時計を見て答えましょう。

①　○に、分のめもりをかきましょう。

②　時こくは、何時ですか。　　＿＿＿＿時

③　２時間前は、何時ですか。　　＿＿＿＿時

# 2 時計 (2)

1 時こくは、何時ですか。

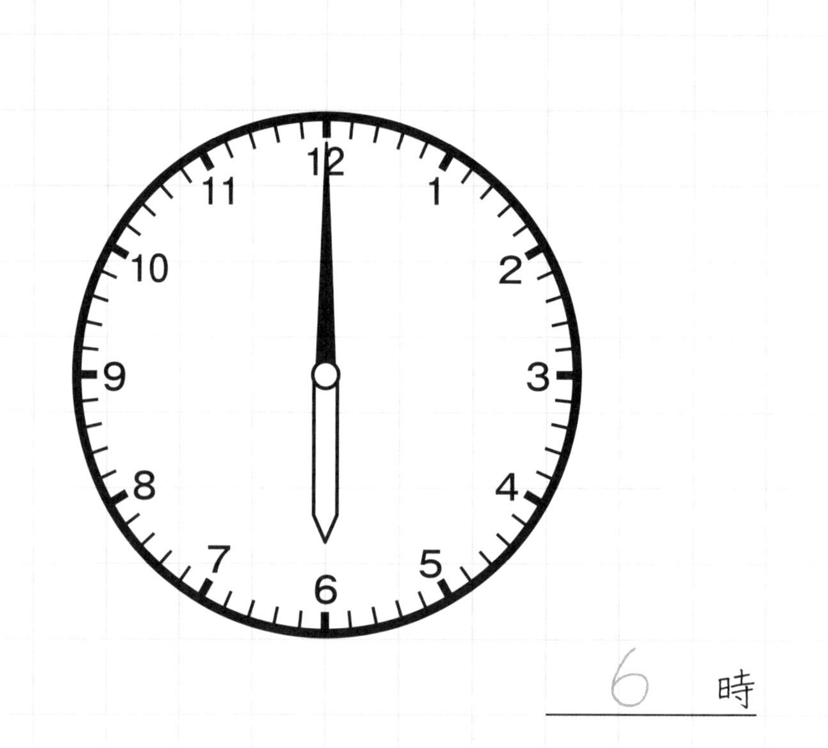

6 時

2 9時の時計をかきましょう。

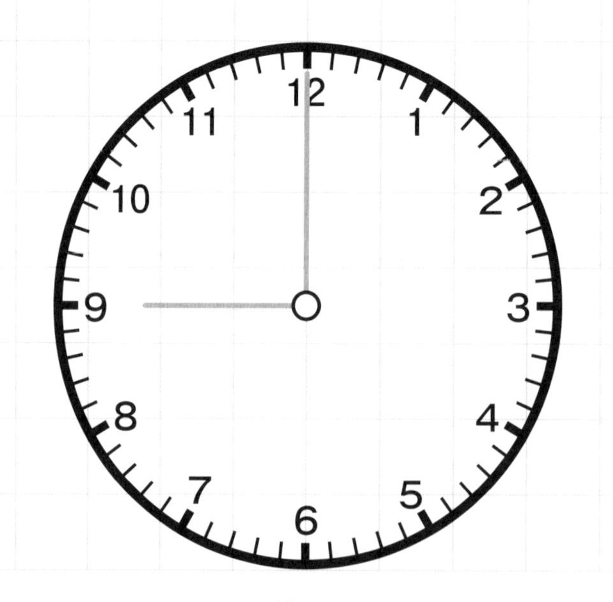

ねらい　「いま何時ですか。」「いま６時です。」は時こくをあらわしています。

月　日

3　時こくは、何時ですか。

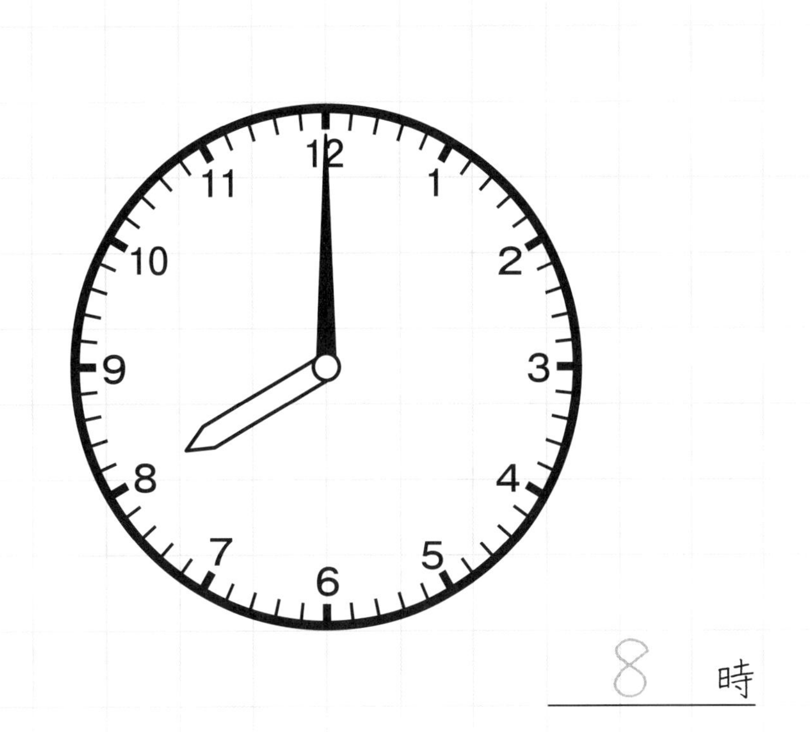


4　4時の時計をかきましょう。

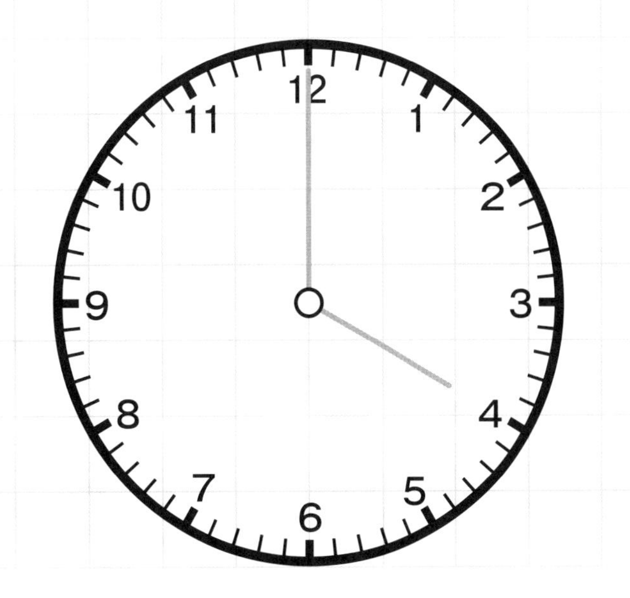

# 2 時計 (2)

1 時こくは、何時ですか。

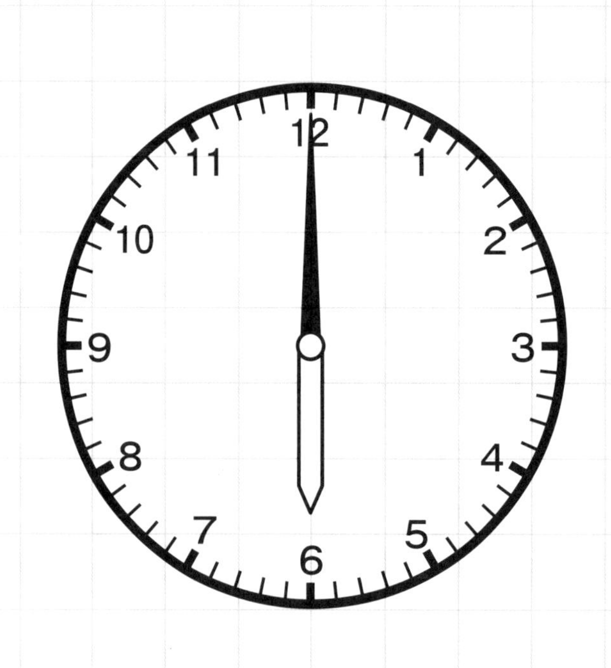


＿＿＿＿＿＿時

2 9時の時計をかきましょう。

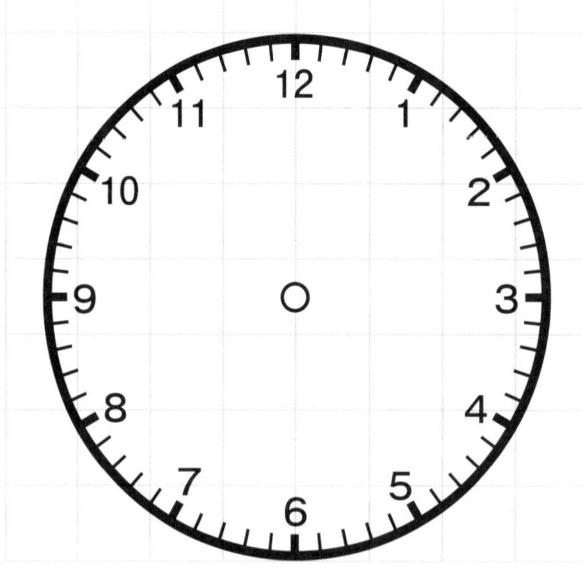

学習日
月　日
点／4点
名前

3 時こくは、何時ですか。

　　時

4 4時の時計をかきましょう。

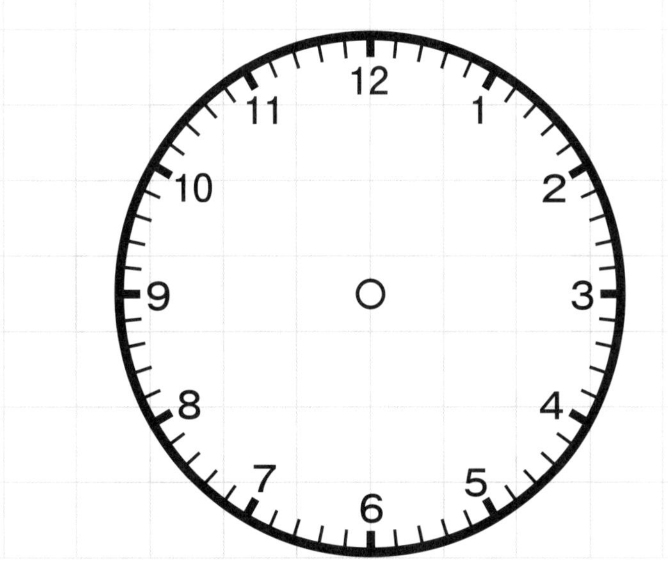

# 2 時計 (2)

1 時こくは、何時ですか。

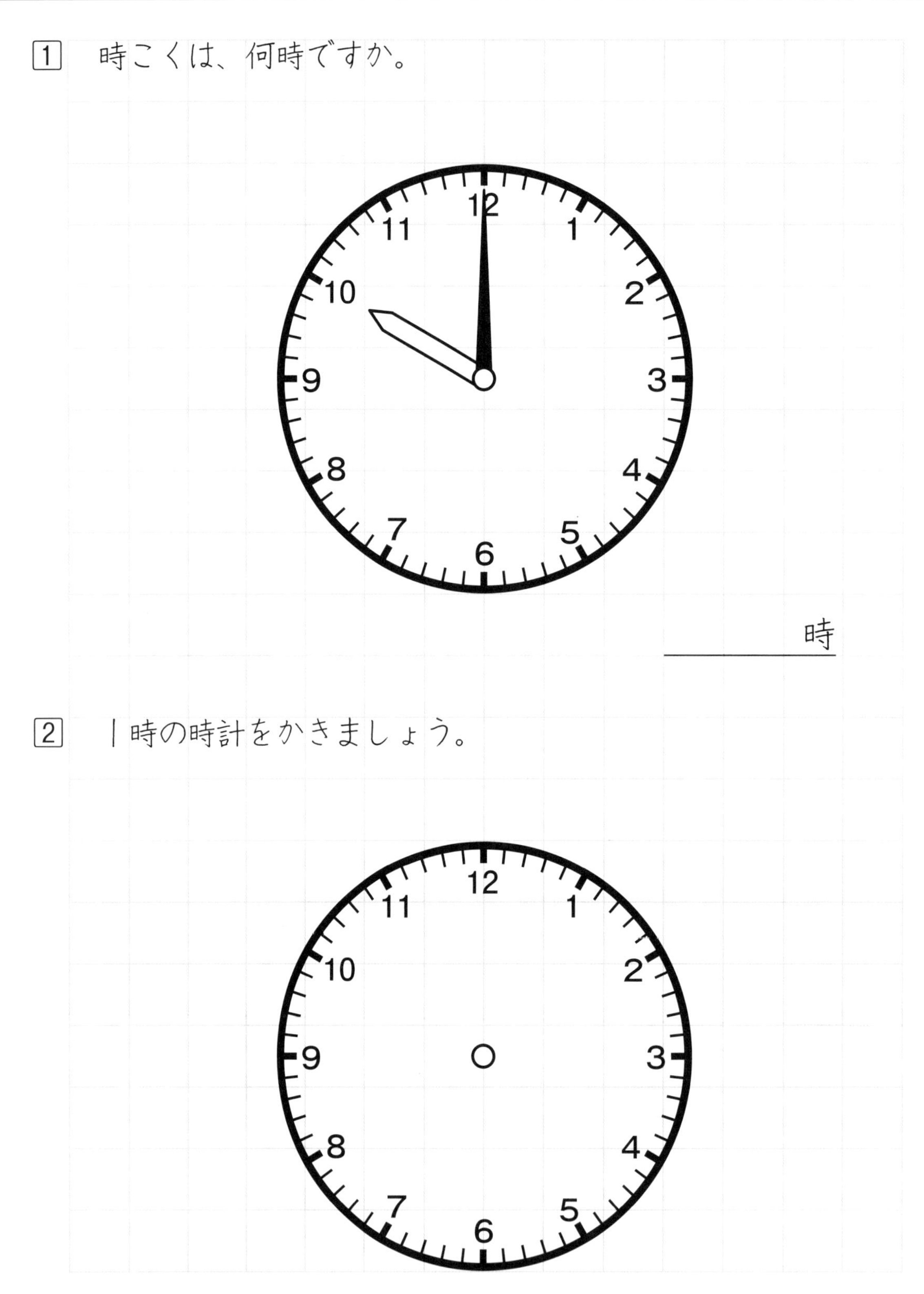

時

2 １時の時計をかきましょう。

学習日　月　日　点/4点　名前

3　時こくは、何時ですか。

12 1 2 3 4 5 6 7 8 9 10 11

＿＿＿＿時

4　7時の時計をかきましょう。

12 1 2 3 4 5 6 7 8 9 10 11

# 3　時こくを読む (1)

1　時こくを読みましょう。

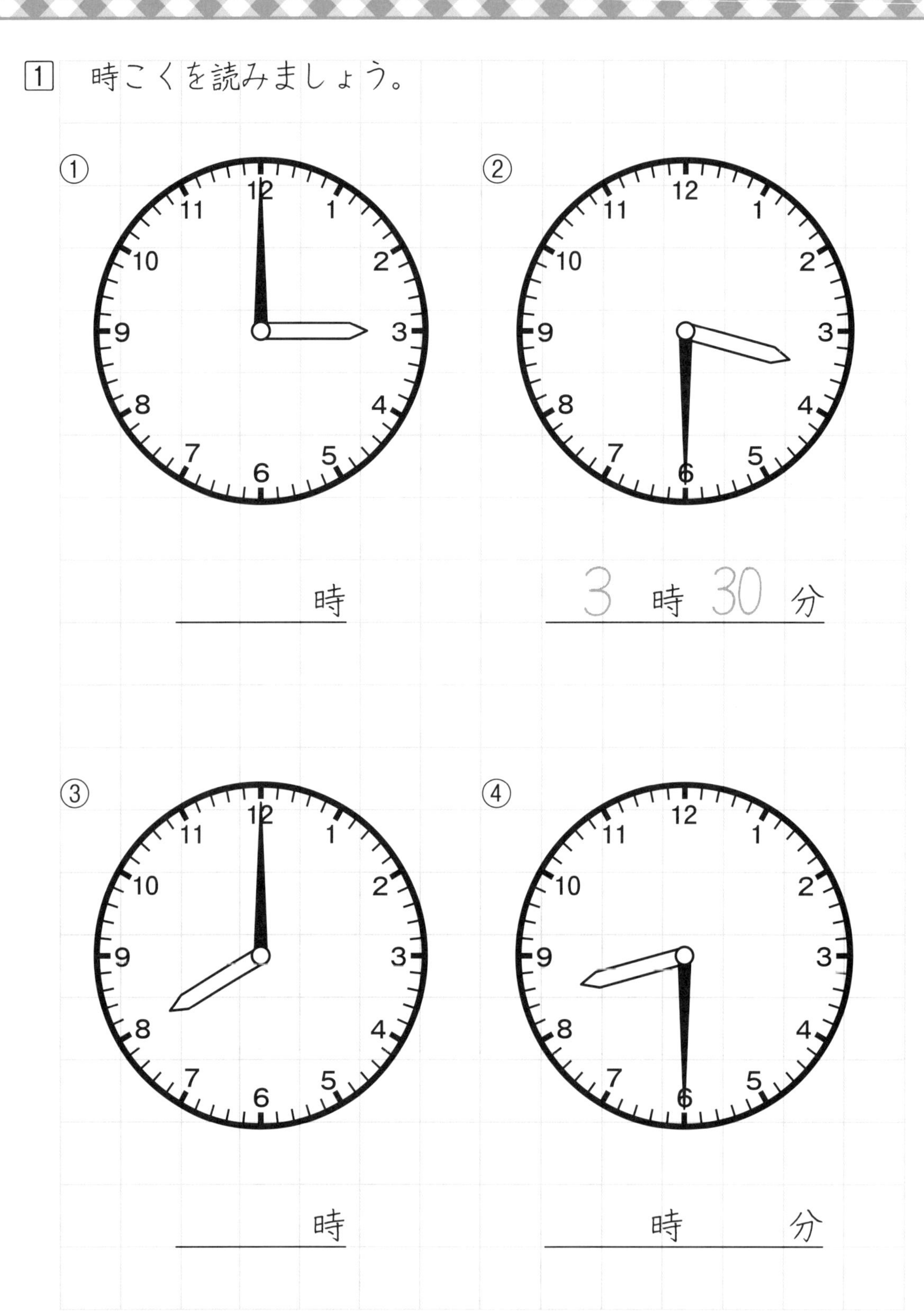

①　＿＿＿＿時

②　3 時 30 分

③　＿＿＿＿時

④　＿＿＿＿時＿＿＿＿分

ねらい　時計のみじかいはりは「時（じ）」をあらわし、長いはりは「分（ふん）」をあらわします。

月　日

2　時こくを読みましょう。

①

2 時 30 分

②

時

③

時　分

④

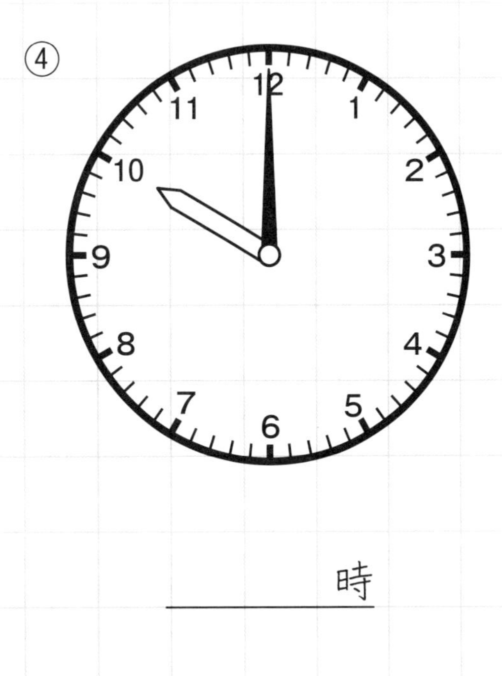


時

# 3　時こくを読む (1)

1　時こくを読みましょう。

①

＿＿＿＿時

②

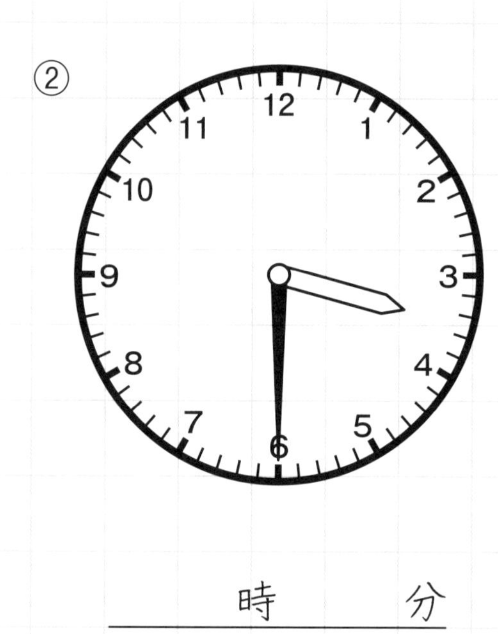

＿＿＿＿時＿＿＿＿分

③

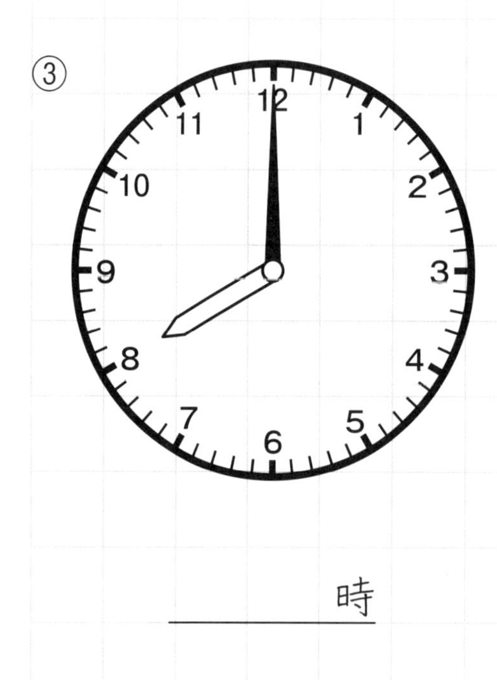

＿＿＿＿時

④

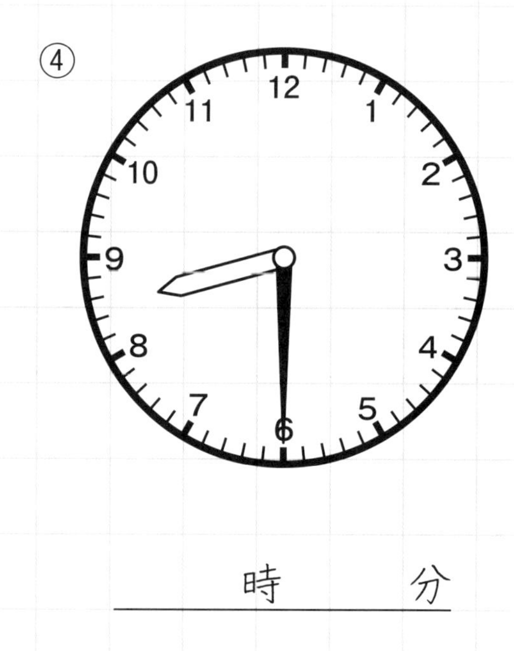

＿＿＿＿時＿＿＿＿分

学習日　月　日　点/8点　名前

2　時こくを読みましょう。

①

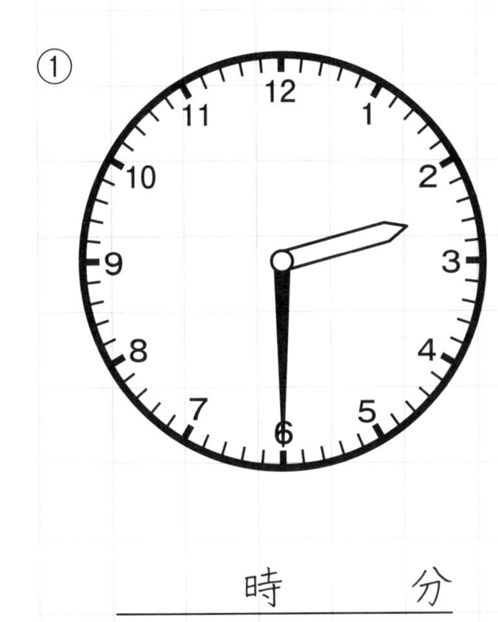

時　分

②

時

③

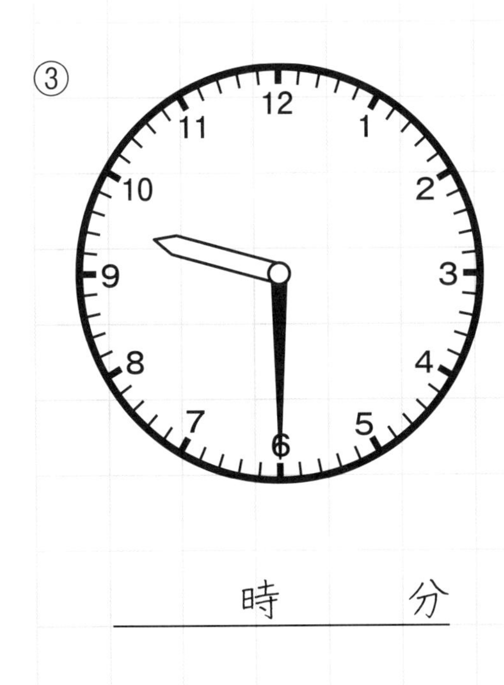

時　分

④

時

# 3 時こくを読む (1)

1 時こくを読みましょう。

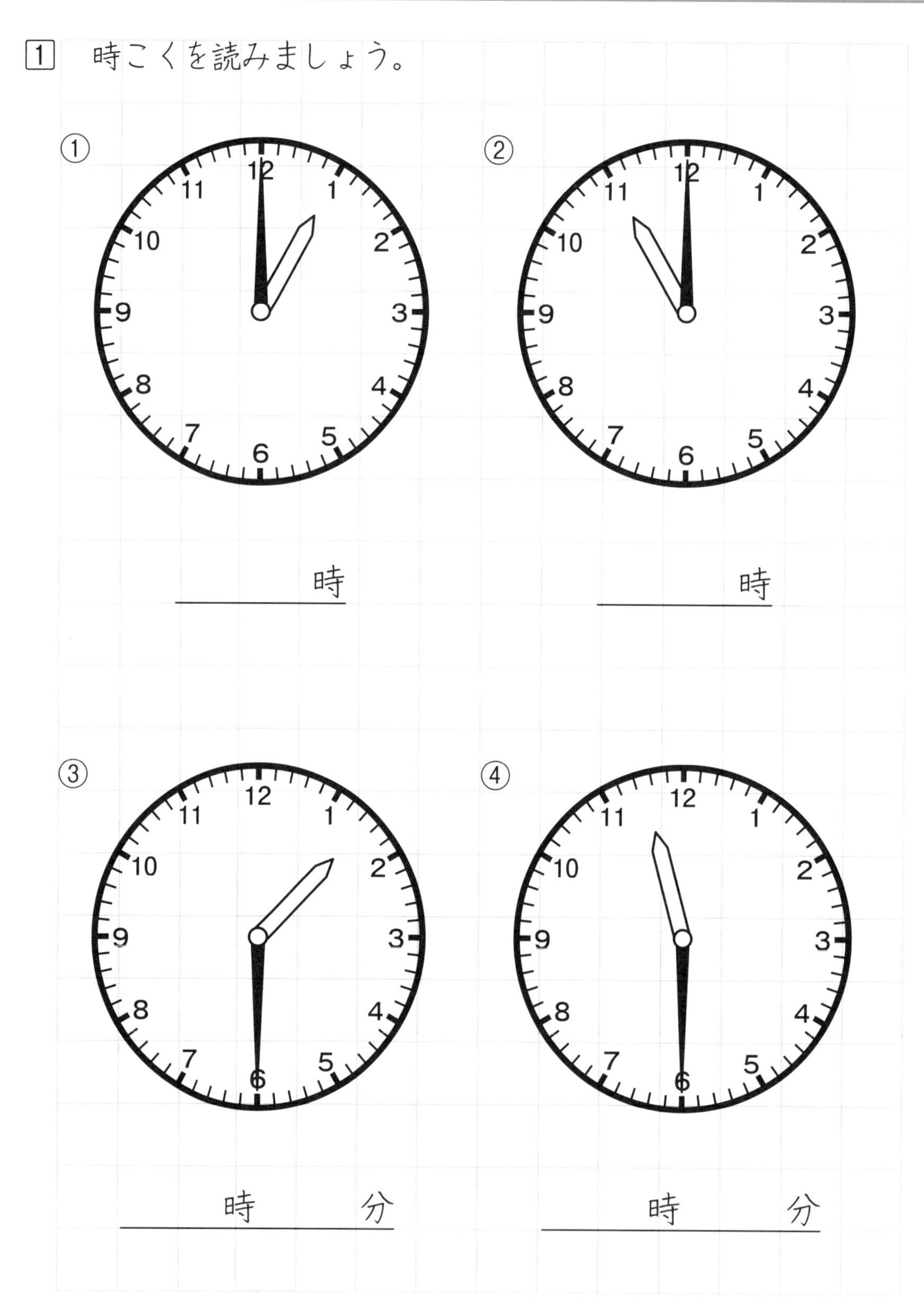

学習日
月　日

点／8点　名前

2 時こくを読みましょう。

①
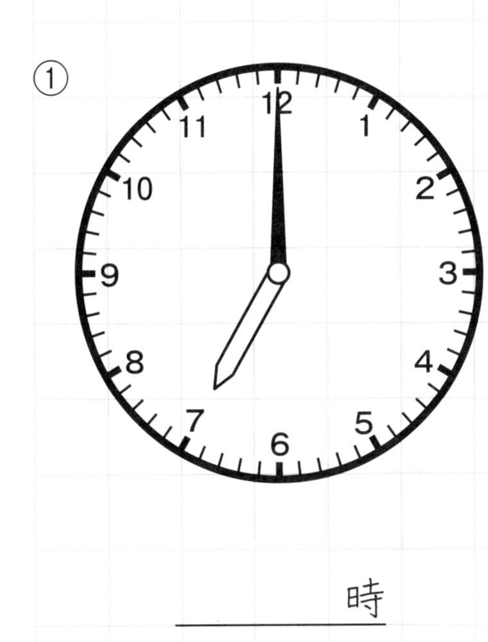


時

②
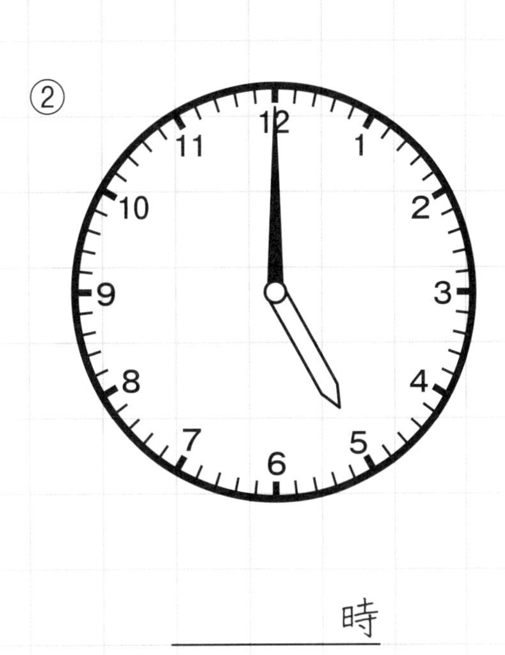


時

③
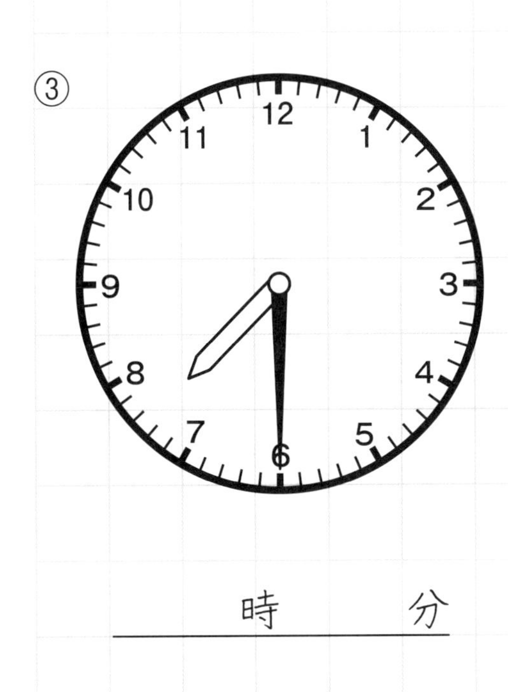


時　分

④
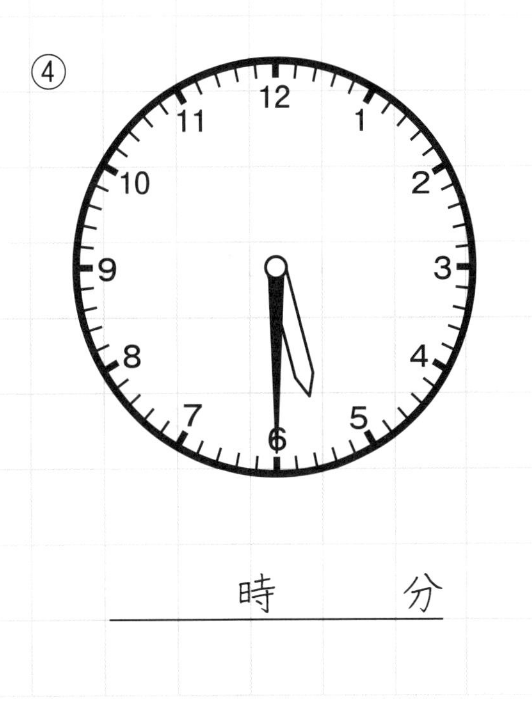


時　分

# 4 時こくを読む (2)

1 時こくを読みましょう。

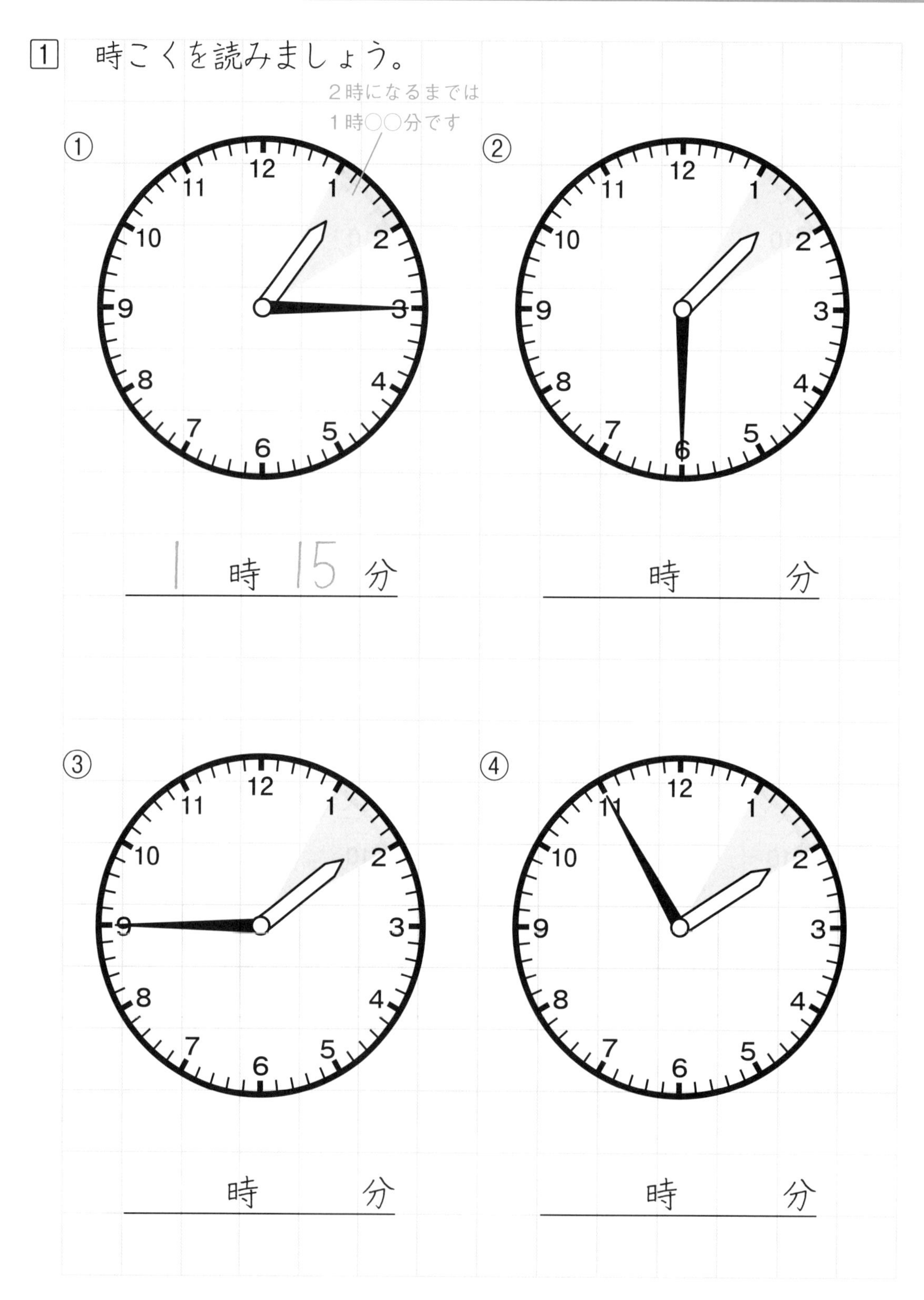

ねらい　月　日

1の①のように、時計のみじかいはりが１から２の間は１時のはんいです。また２から３の間は２時のはんいです。

2　時こくを読みましょう。

①

7 時 12 分

②
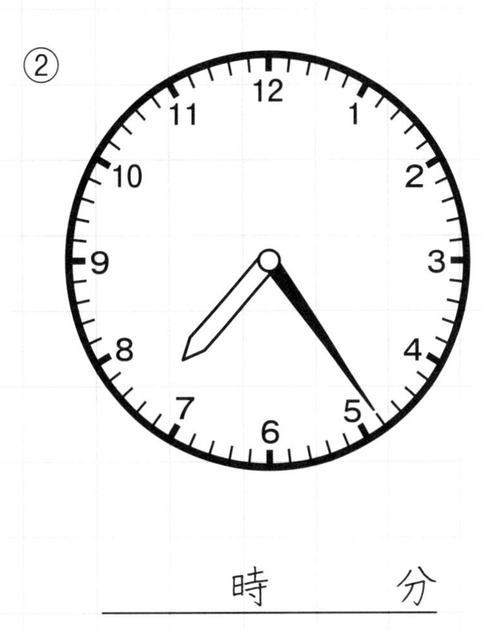


時　　分

③

時　　分

④
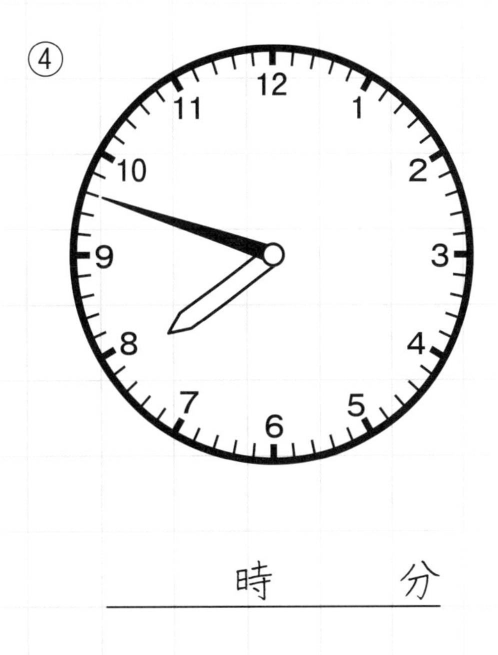


時　　分

# 4 時こくを読む (2)

1 時こくを読みましょう。

①

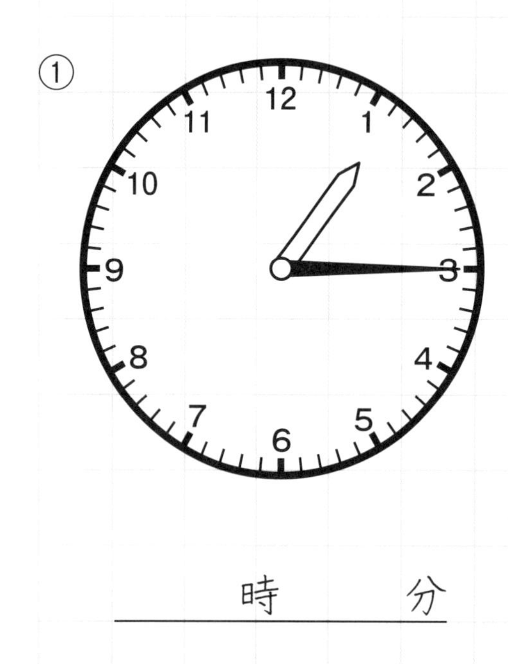

時　　　分

②

時　　　分

③

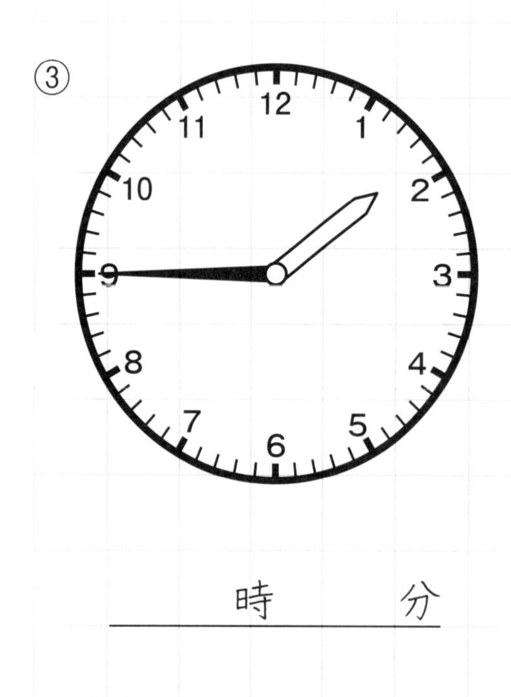

時　　　分

④

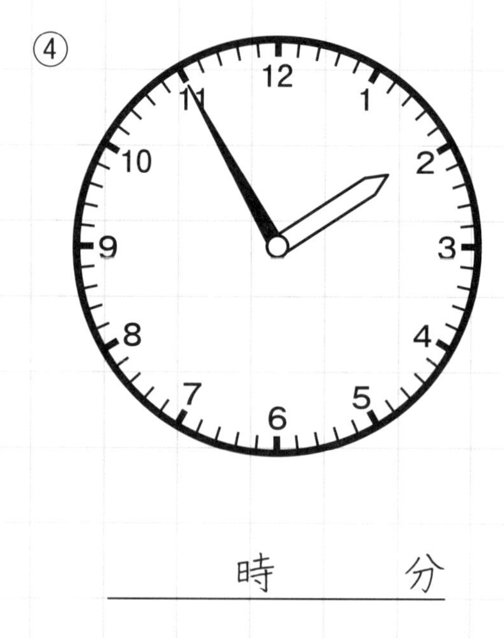

時　　　分

学習日　月　日　点/8点　名前

2　時こくを読みましょう。

①

時　　分

②

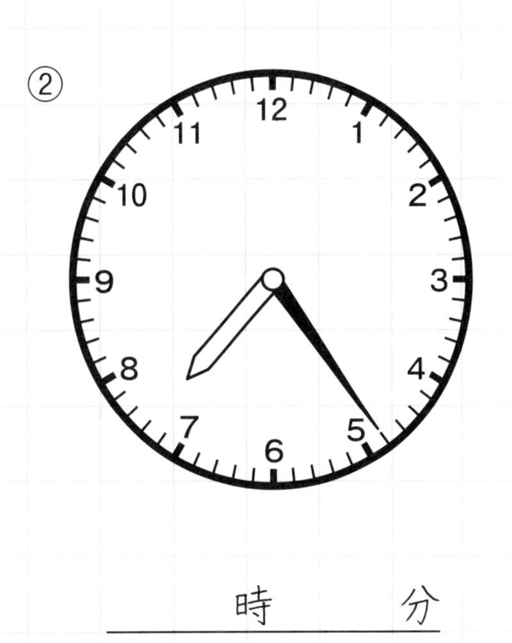

時　　分

③

時　　分

④

時　　分

# 4 時こくを読む (2)

1 時こくを読みましょう。

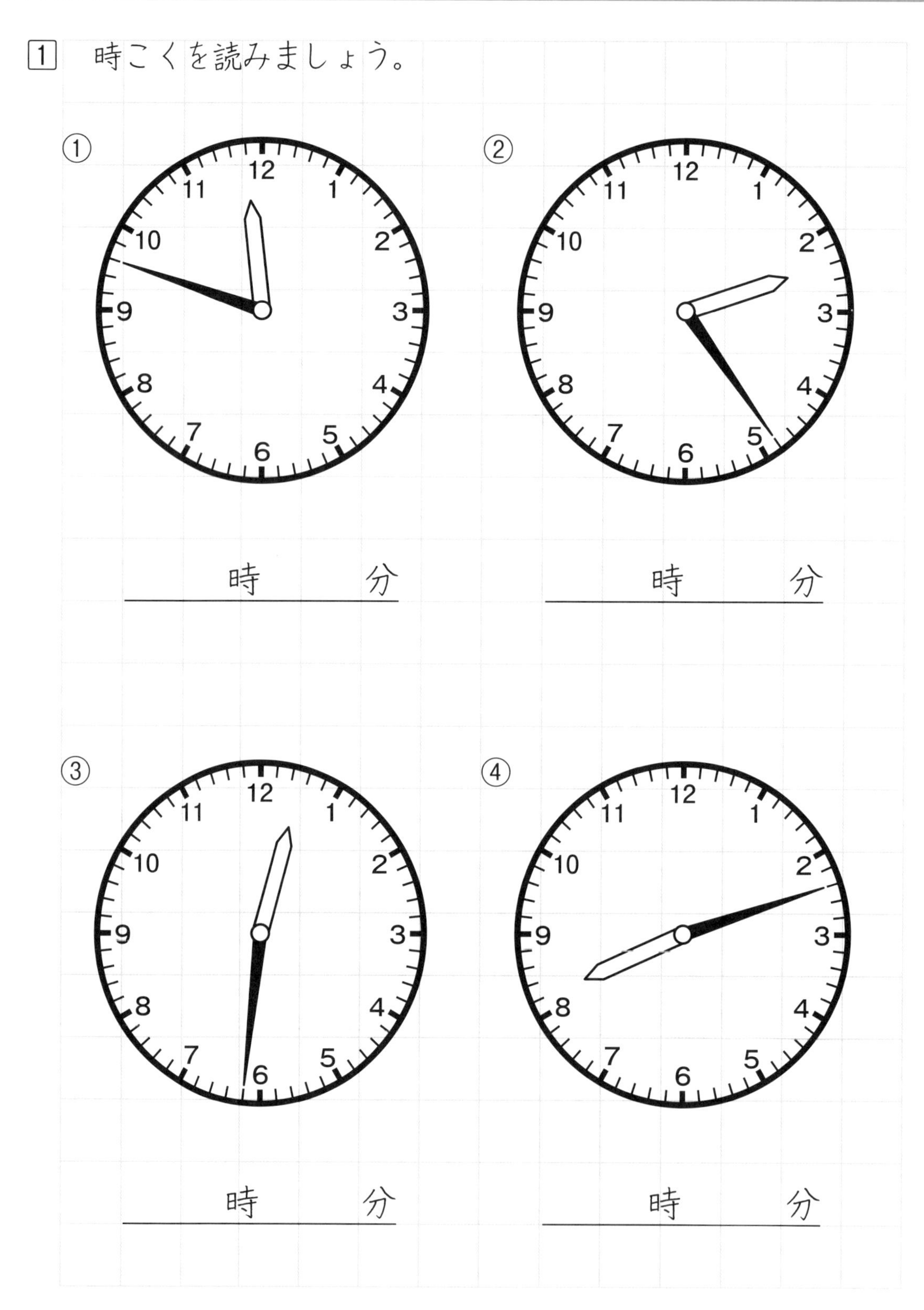

学習日　　月　日　　点/8点　名前

2　時こくを読みましょう。

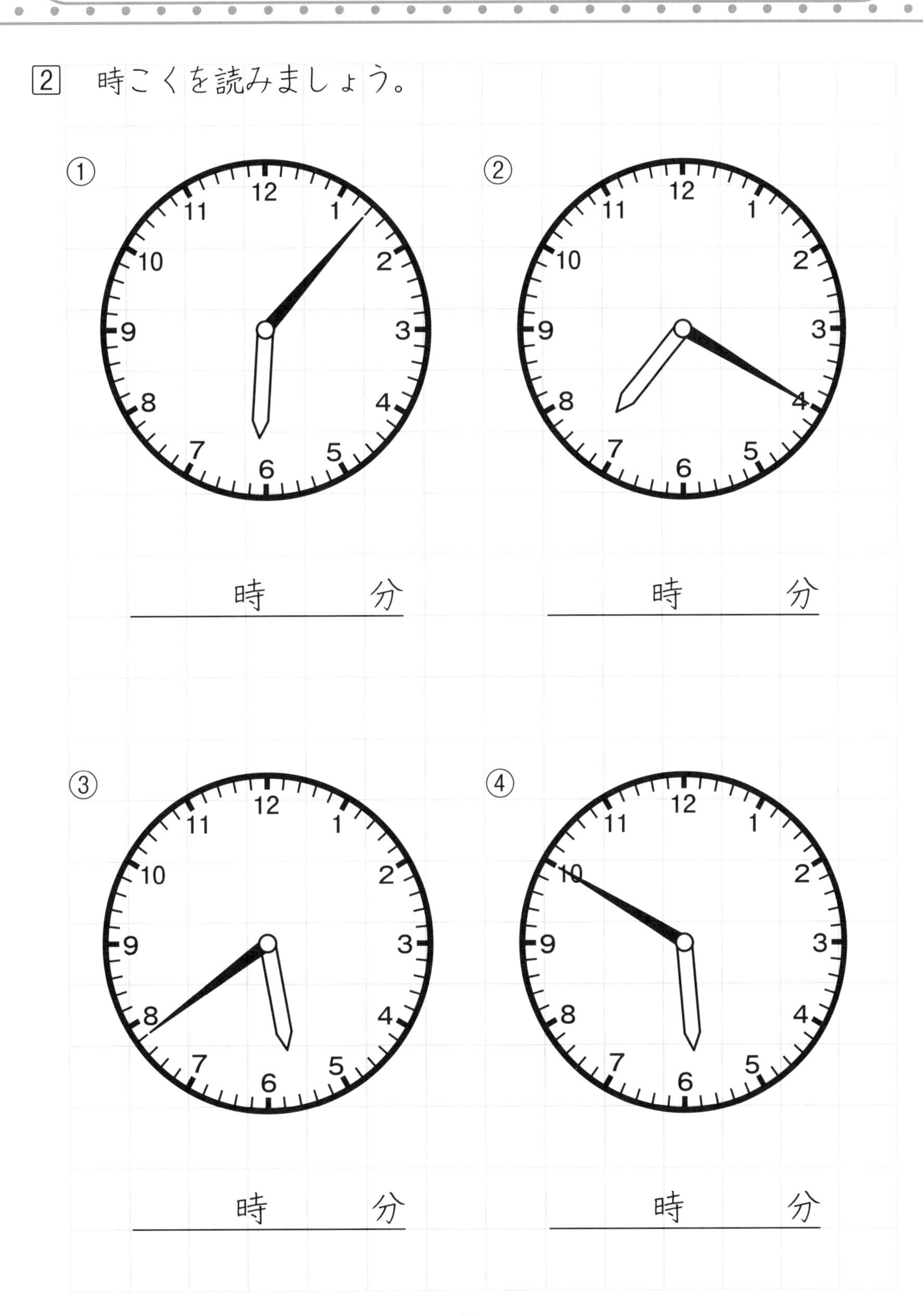

# 5 時こくを読む (3)

1 時こくを読みましょう。

①

6 時 14 分

②

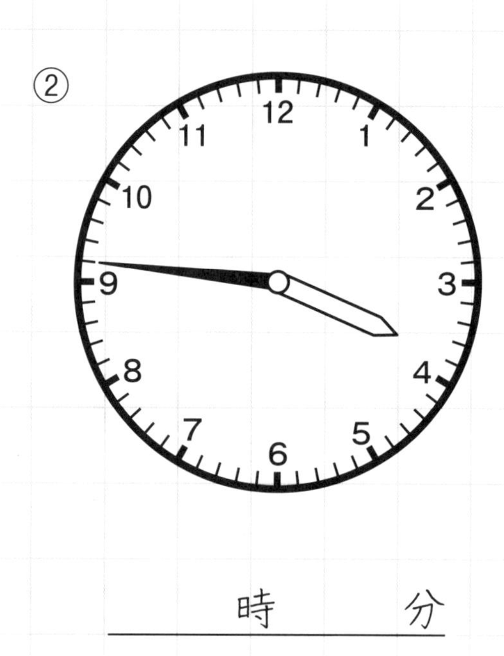

時　　分

③

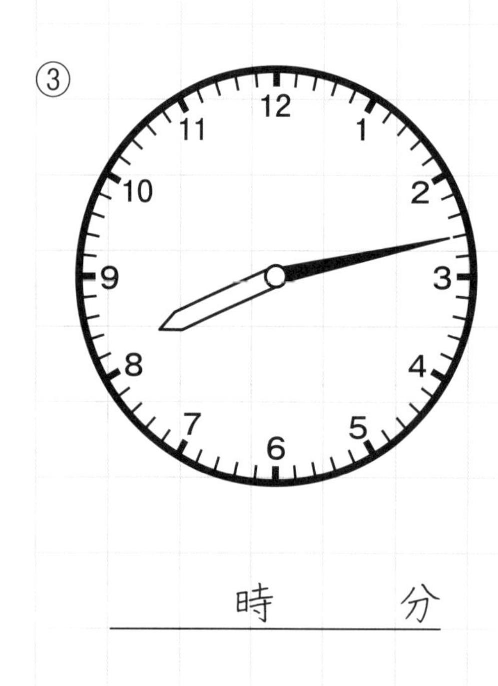

時　　分

④

時　　分

ねらい　月　日

1の①の「６時14分」も、②の「３時46分」も時こくです。

2　時こくを読みましょう。

①

7 時 8 分

②

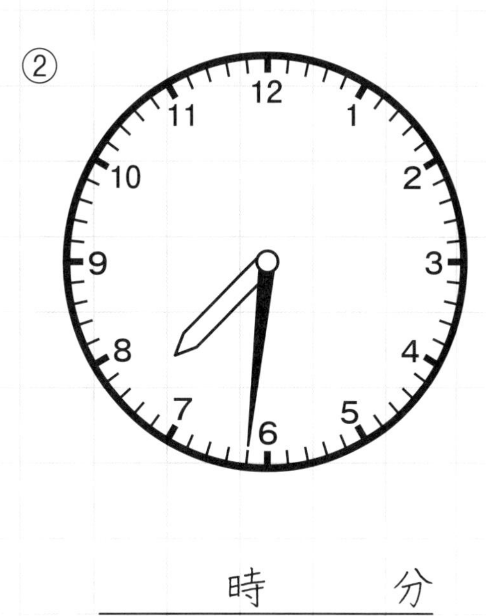

時　　分

③

時　　分

④

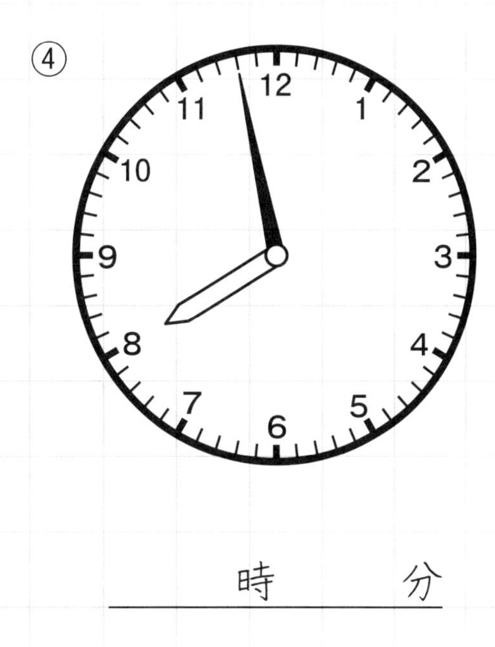

時　　分

# 5 時こくを読む (3)

1 時こくを読みましょう。

①

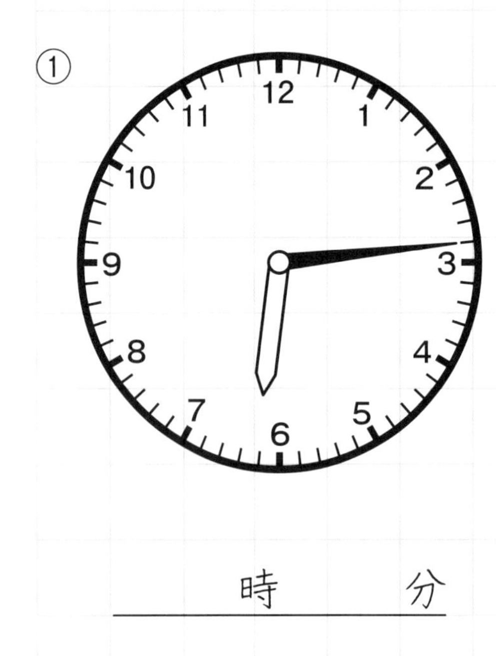

時　　分

②

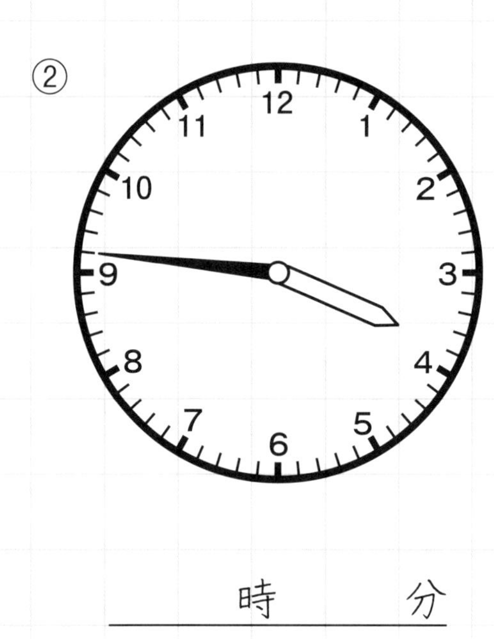

時　　分

③

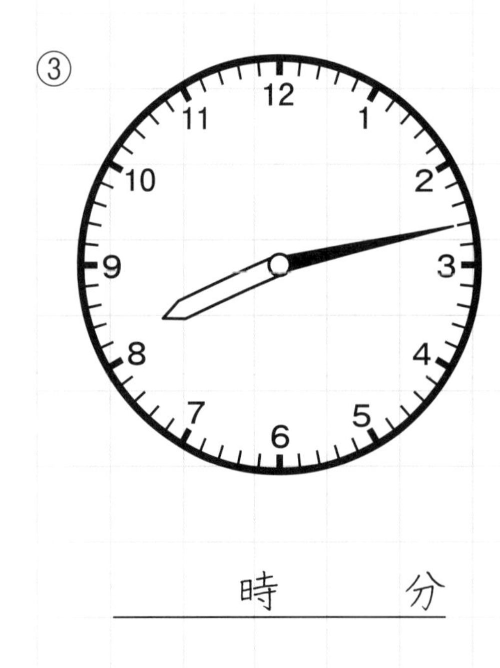

時　　分

④

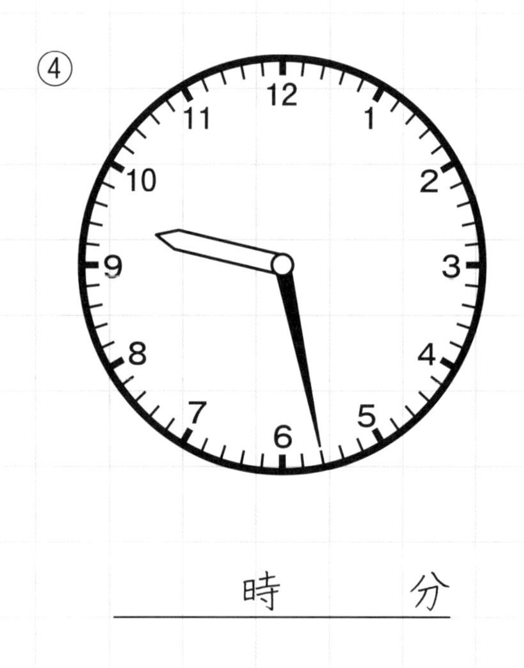

時　　分

学習日　月　日　　点／8点　名前

2　時こくを読みましょう。

①

時　　　分

②

時　　　分

③

時　　　分

④

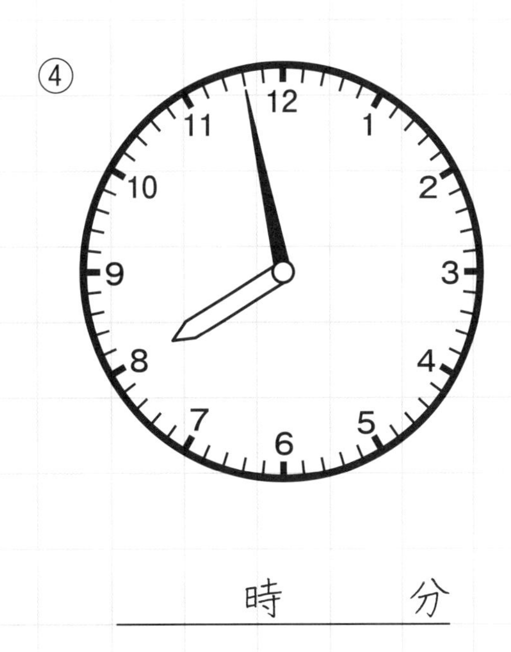

時　　　分

# 5 時こくを読む (3)

1 時こくを読みましょう。

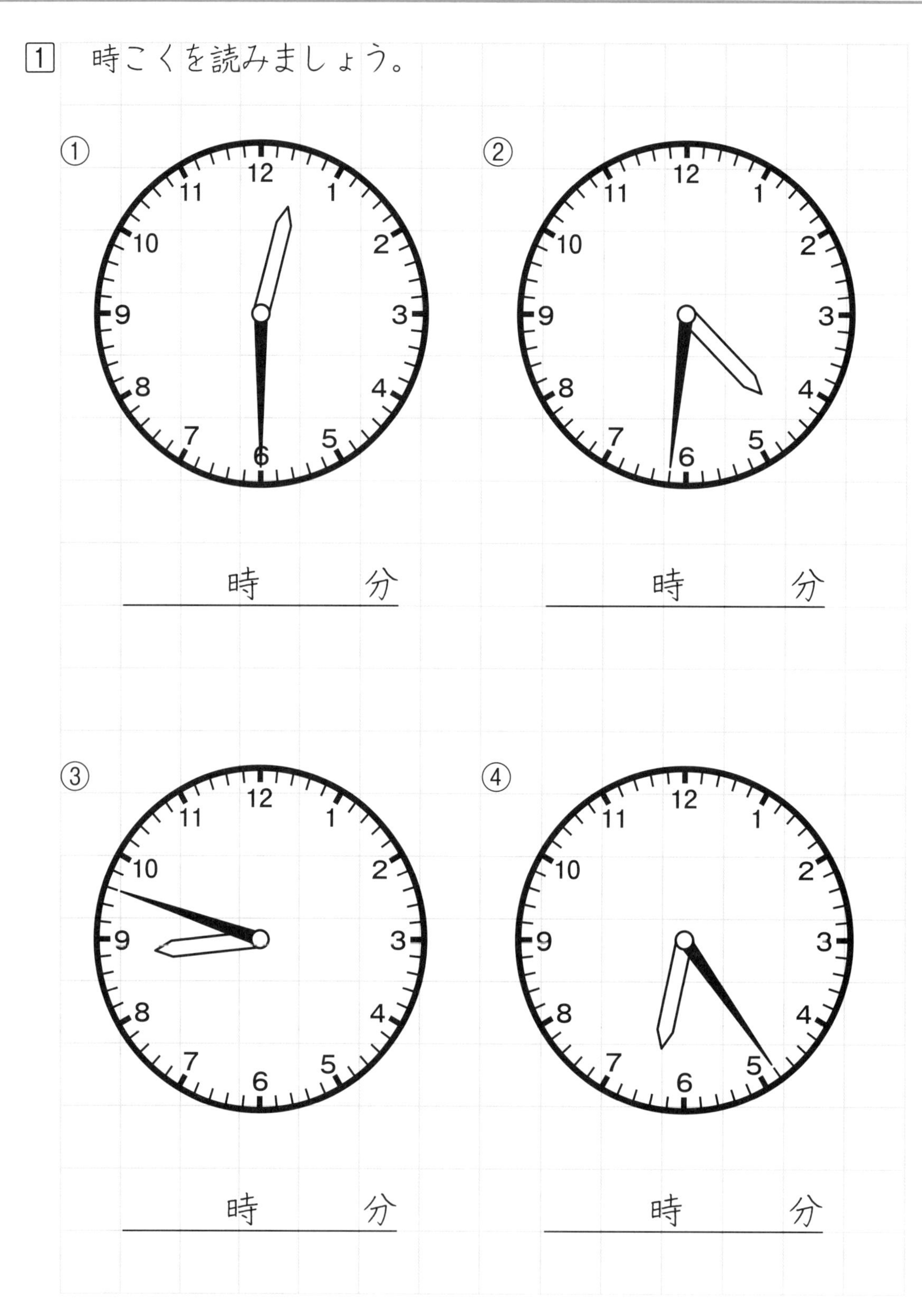

| 学習日 | 点／8点 | 名前 |
| --- | --- | --- |
| 月　日 | | |

2　時こくを読みましょう。

①

時　　　分

②

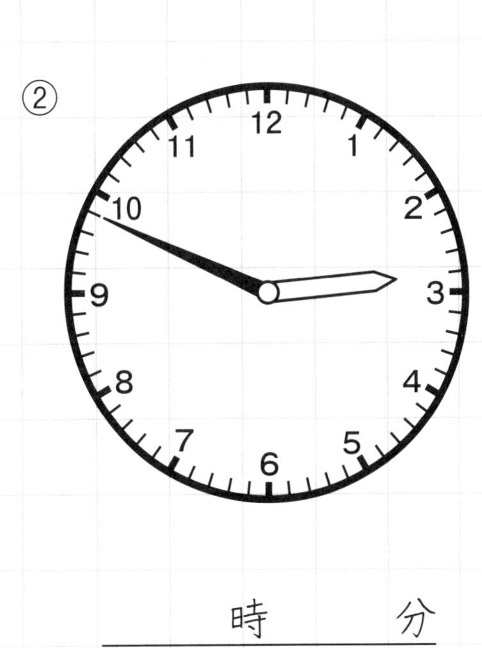


時　　　分

③

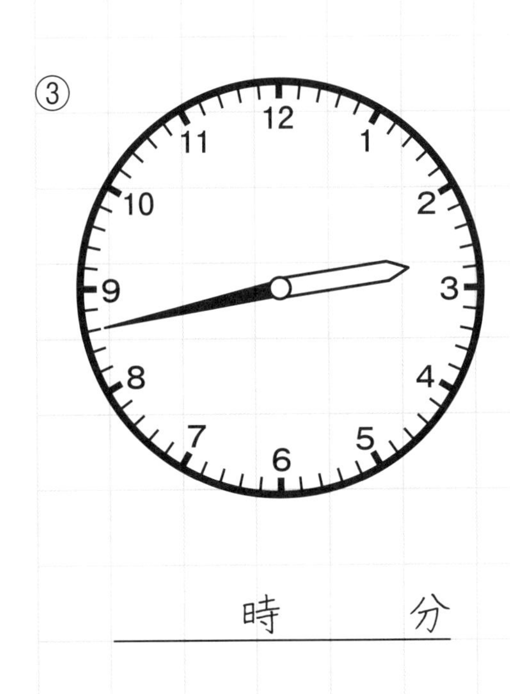


時　　　分

④

時　　　分

# 6 時こくをあらわす (1)

1　時計の長いはりをかきましょう。

①

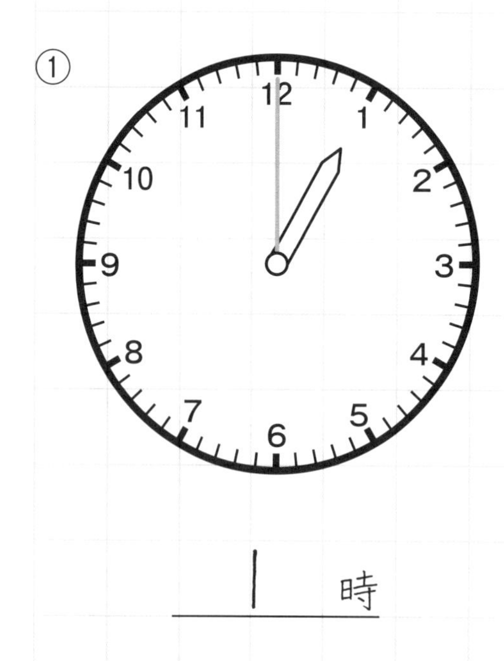


1 時

②

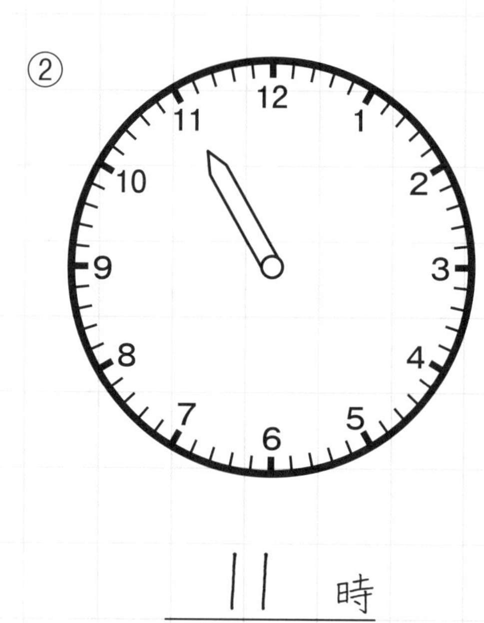


11 時

③

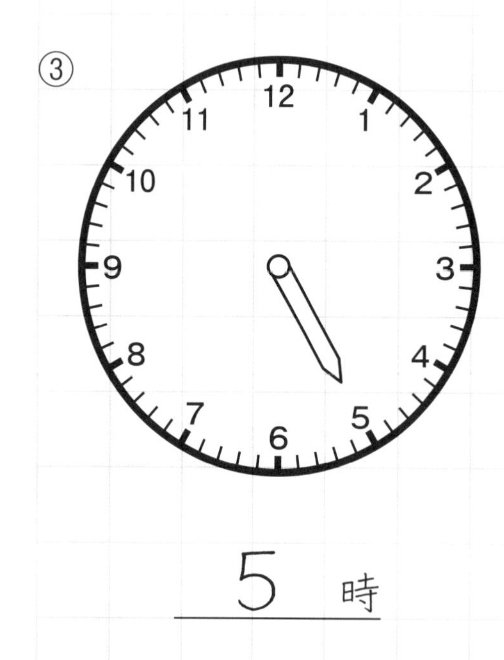


5 時

④

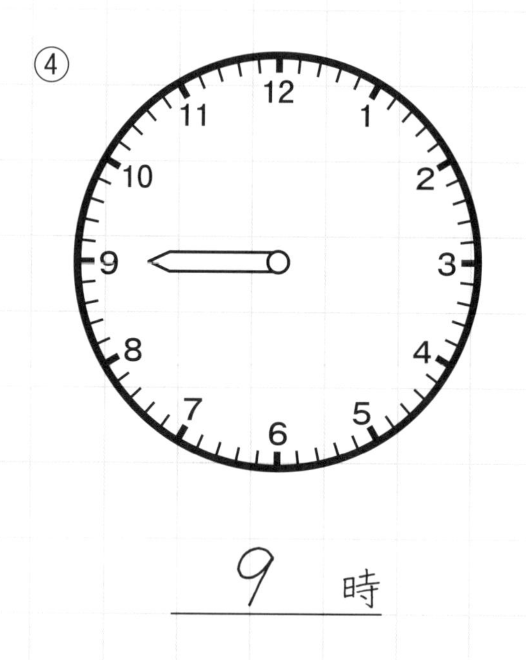


9 時

ねらい　1時ちょうどのときの時計の長いはりは12をさします。
月　日　2時ちょうどのときの時計の長いはりも12をさします。

2 時計の長いはりをかきましょう。

①
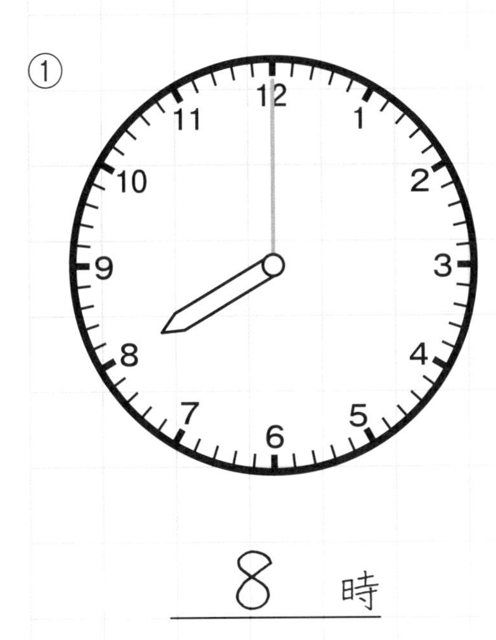


8 時

②
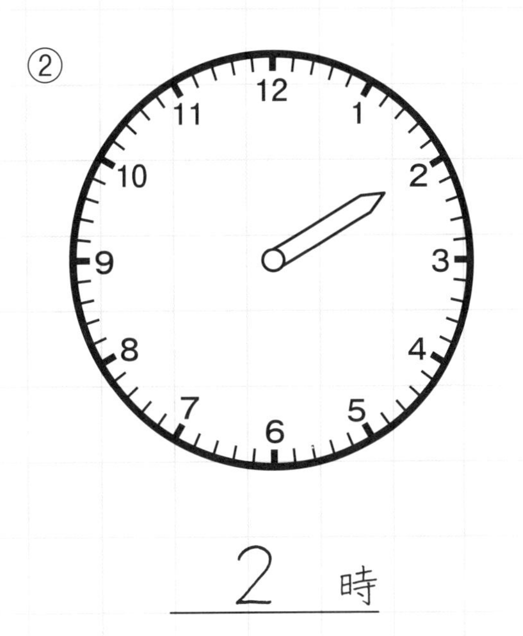


2 時

③
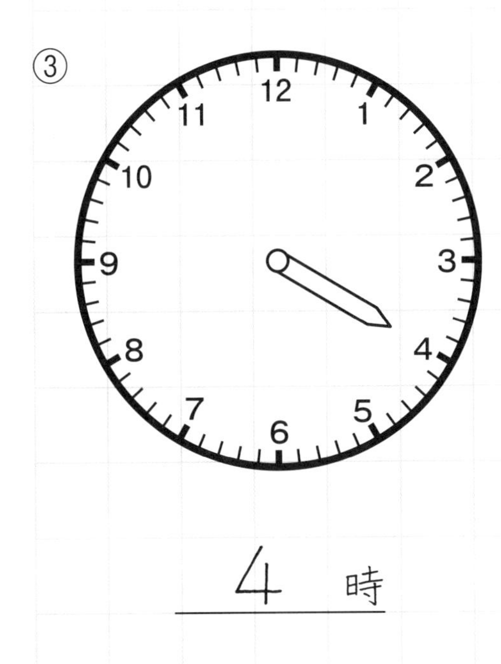


4 時

④
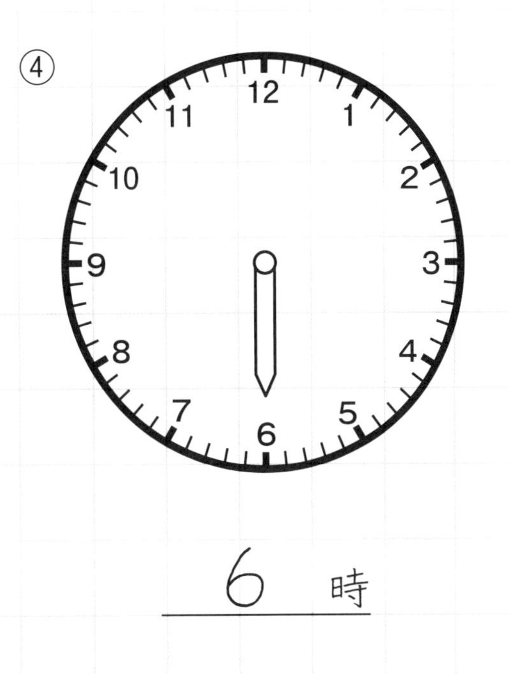


6 時

# 6 時こくをあらわす (1)

1 時計の長いはりをかきましょう。

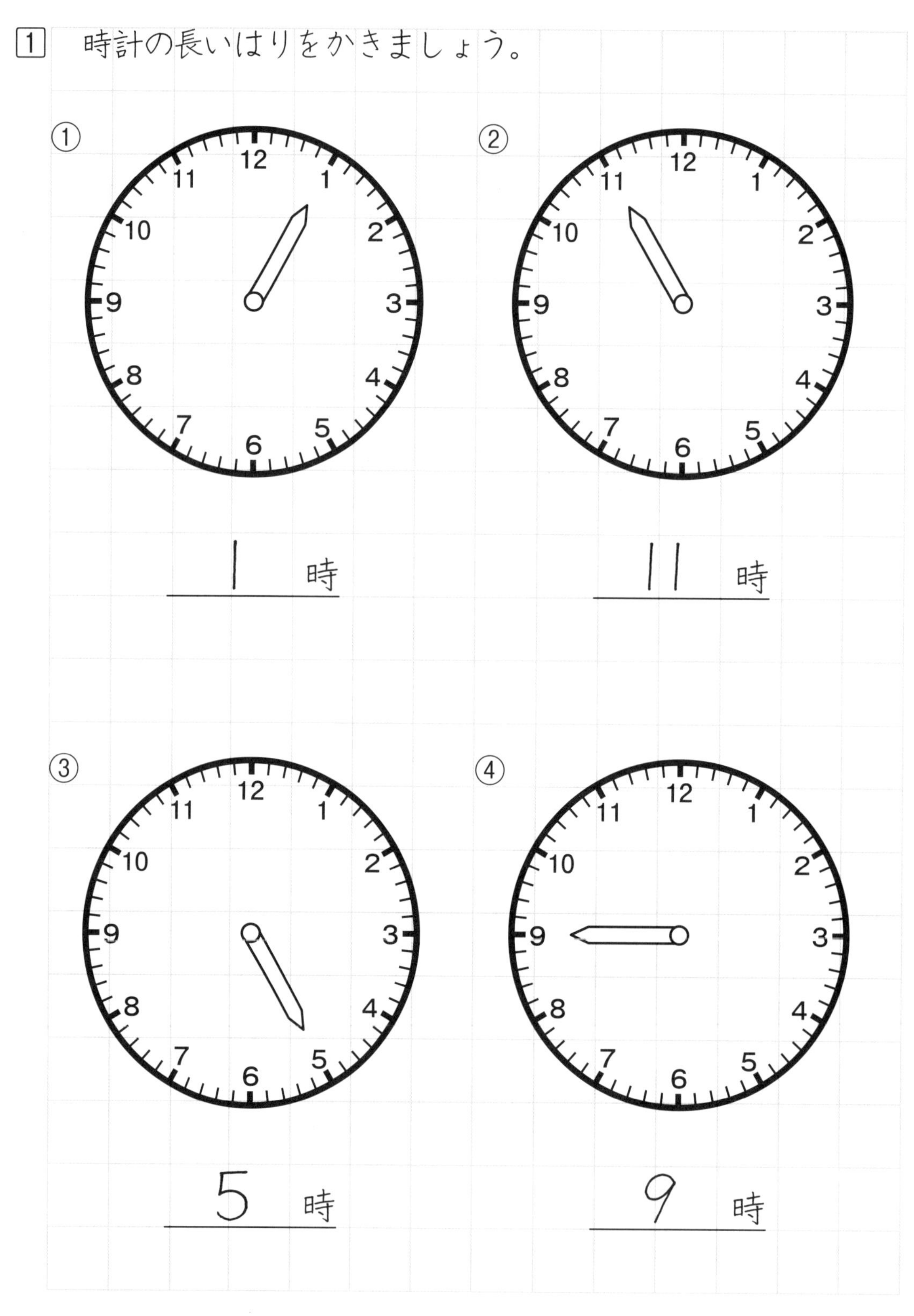

| 学習日 | | 名前 |
|---|---|---|
| 月　日 | 点／8点 | |

2　時計の長いはりをかきましょう。

①

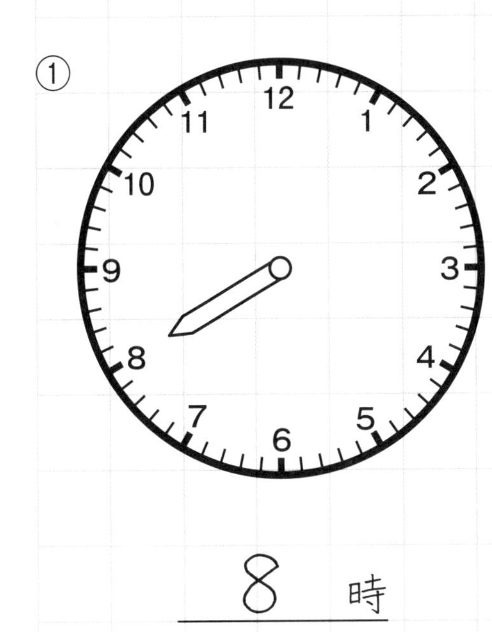


8　時

②

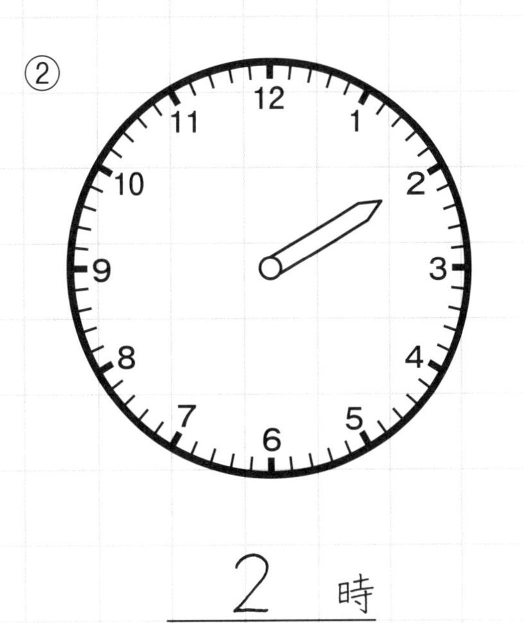


2　時

③

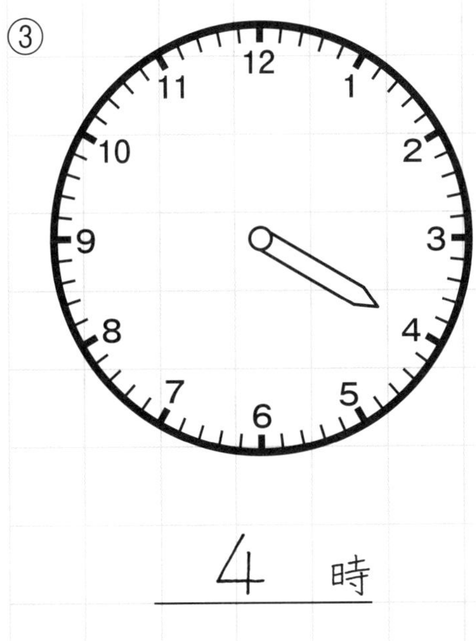


4　時

④

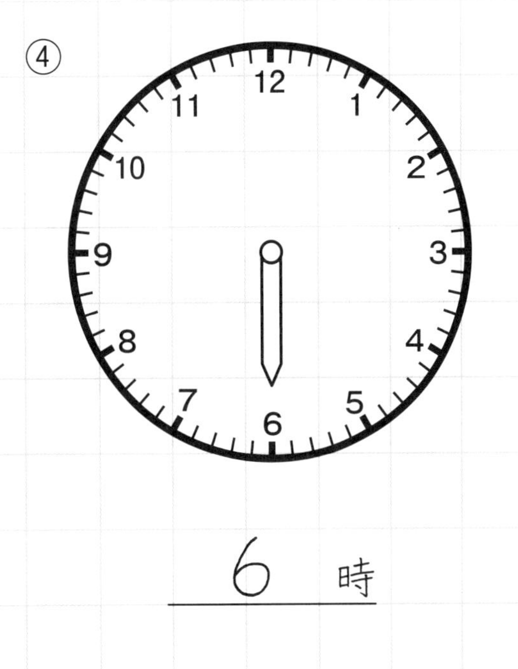


6　時

# 6 時こくをあらわす (1)

1 時計の長いはりをかきましょう。

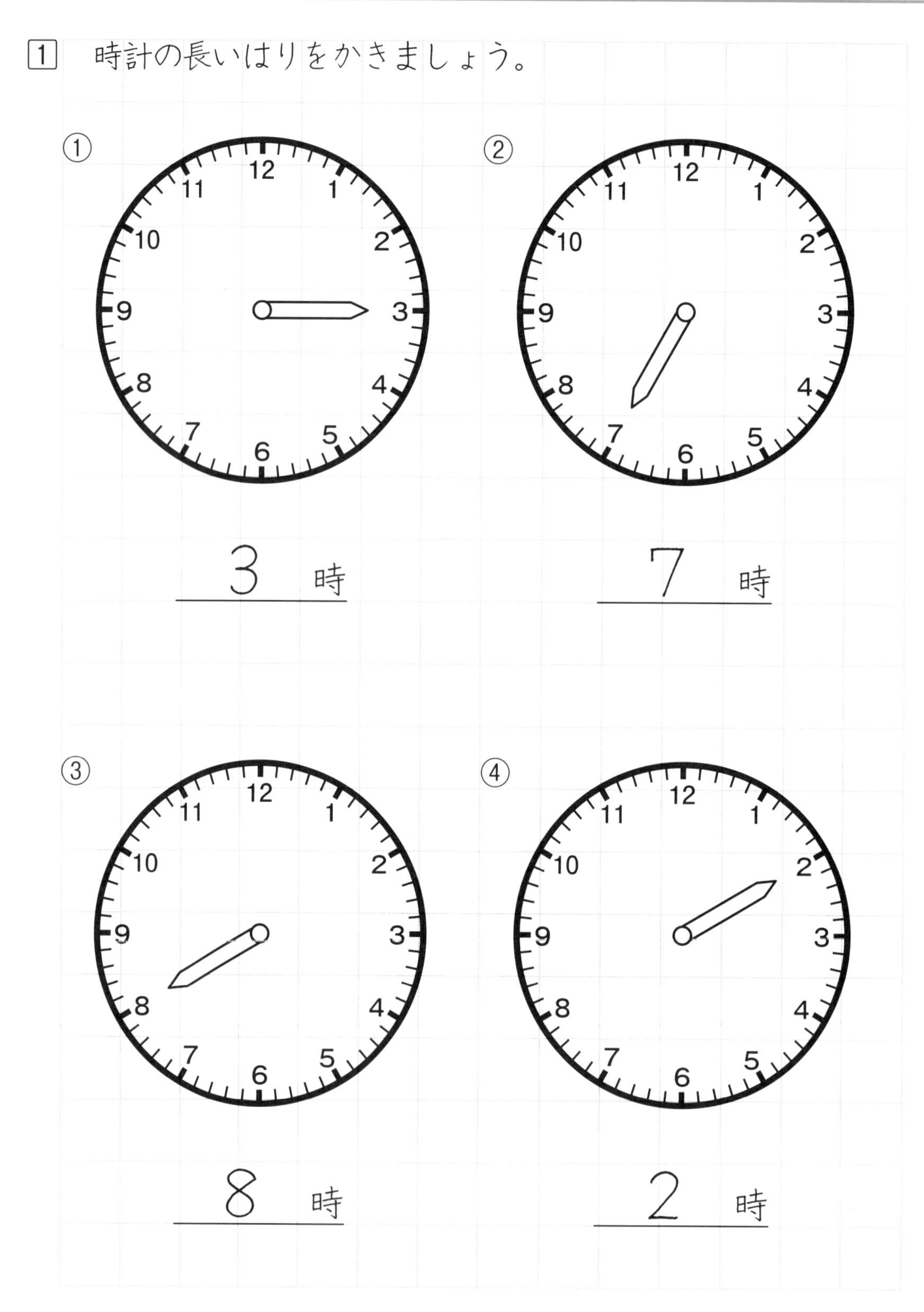

学習日　月　日　　点／8点　名前

2　時計の長いはりをかきましょう。

①

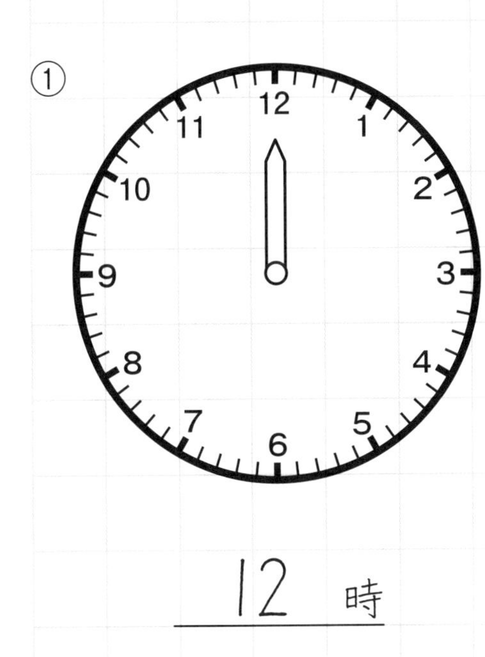

12 時

②

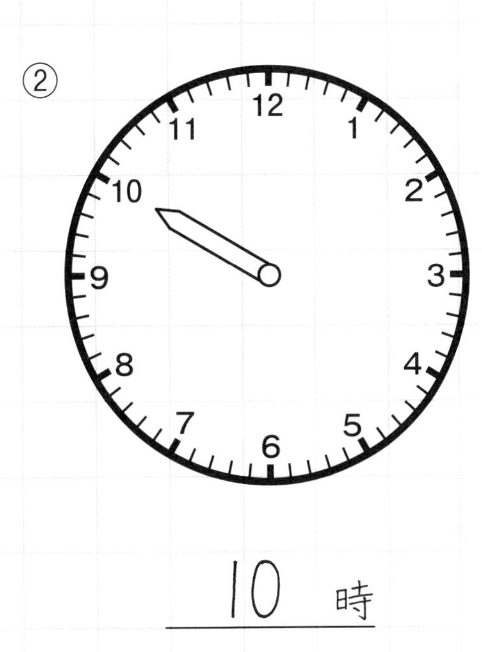

10 時

③

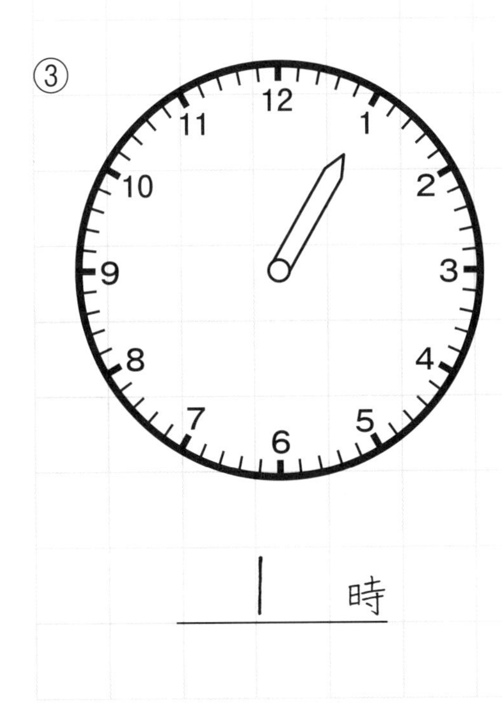

1 時

④

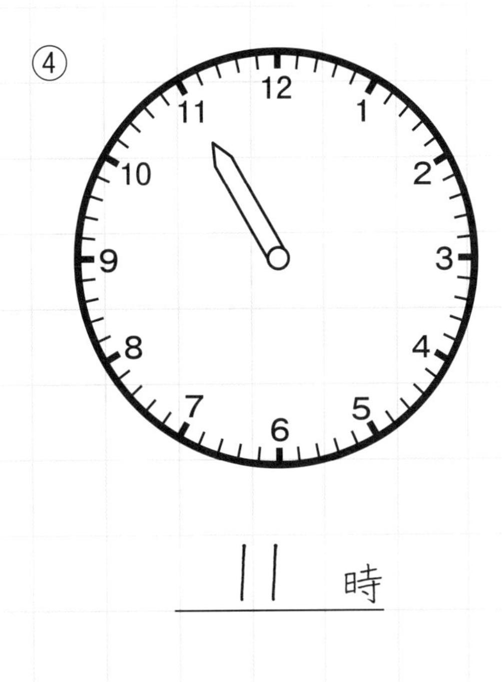

11 時

# 7 時こくをあらわす (2)

1 時計の長いはりをかき、時こくもかきましょう。

①

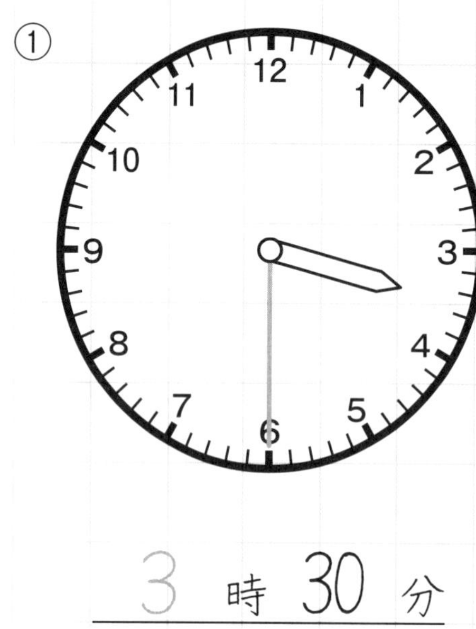

3 時 30 分

②

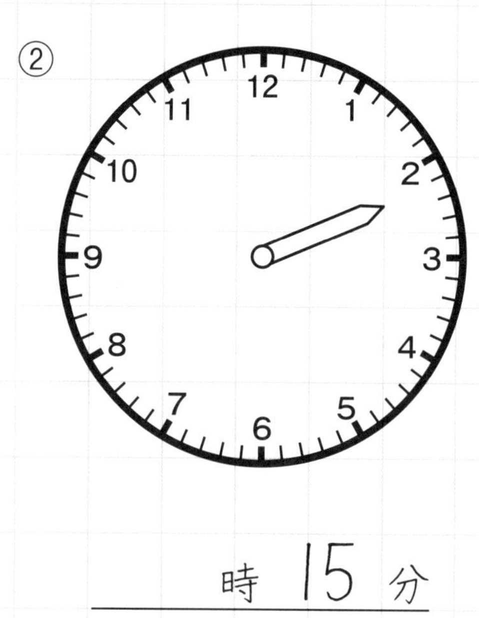

時 15 分

③

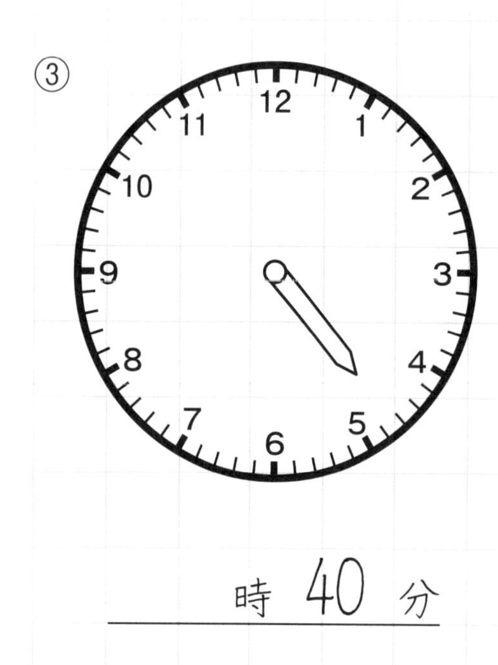

時 40 分

④

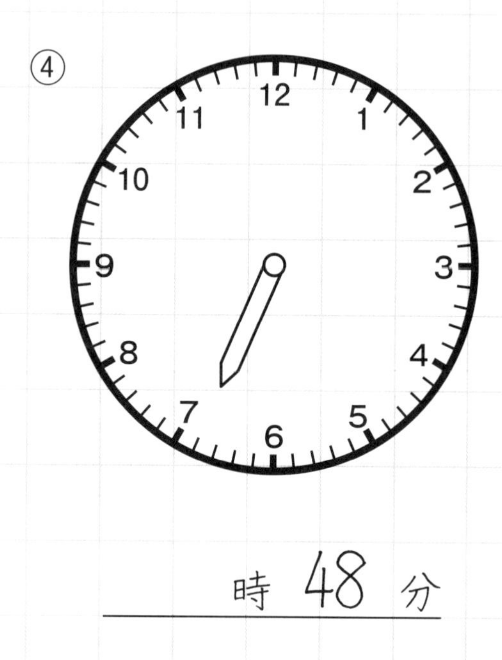

時 48 分

ねらい　月　日　分のめもりを数えて、時計の長いはりをかきます。

2 時計の長いはりをかき、時こくもかきましょう。

①
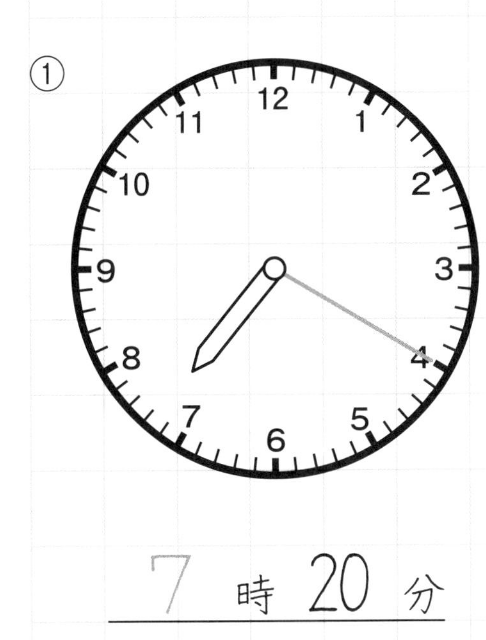

7 時 20 分

②
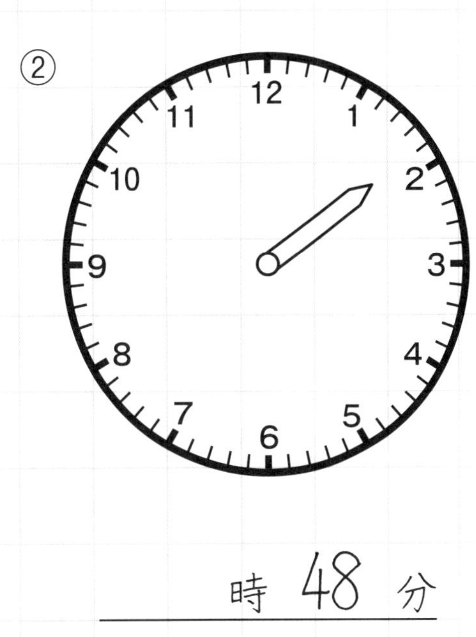

時 48 分

③
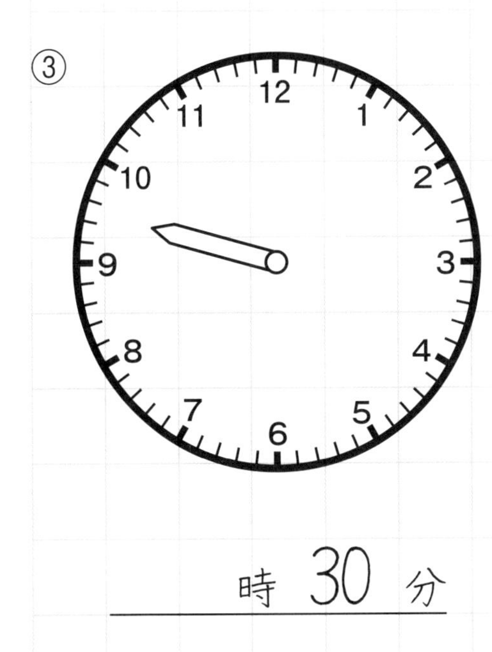

時 30 分

④
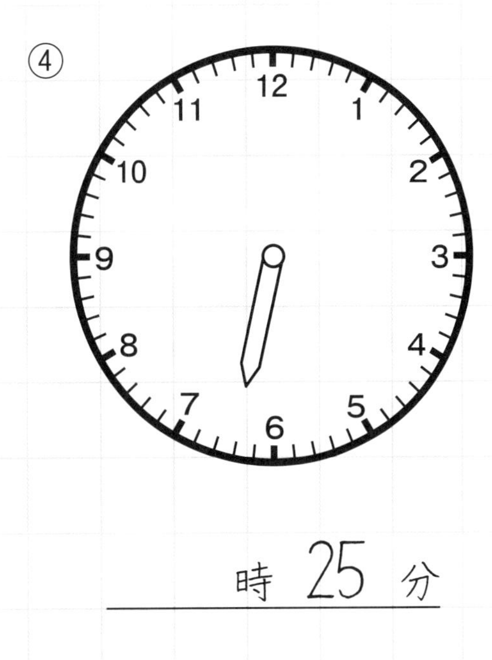

時 25 分

# 7 時こくをあらわす (2)

1 時計の長いはりをかき、時こくもかきましょう。

①

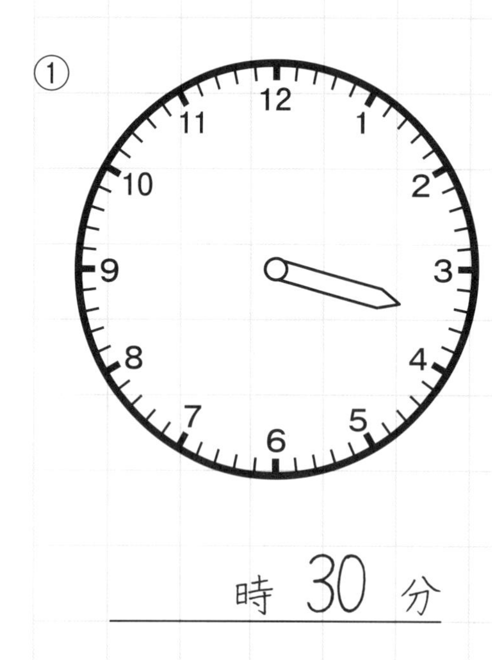

時 30 分

②

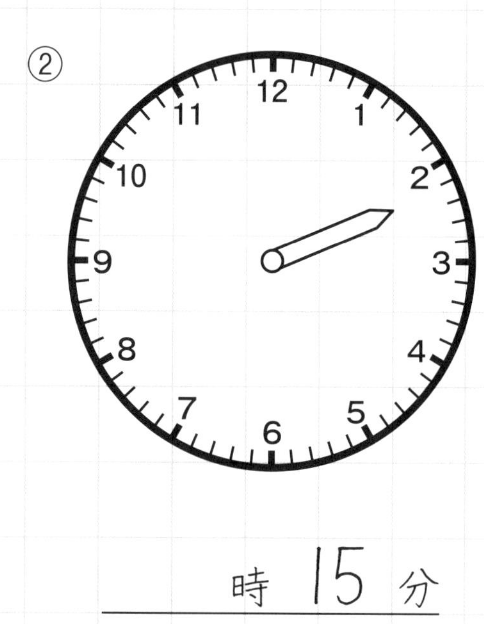

時 15 分

③

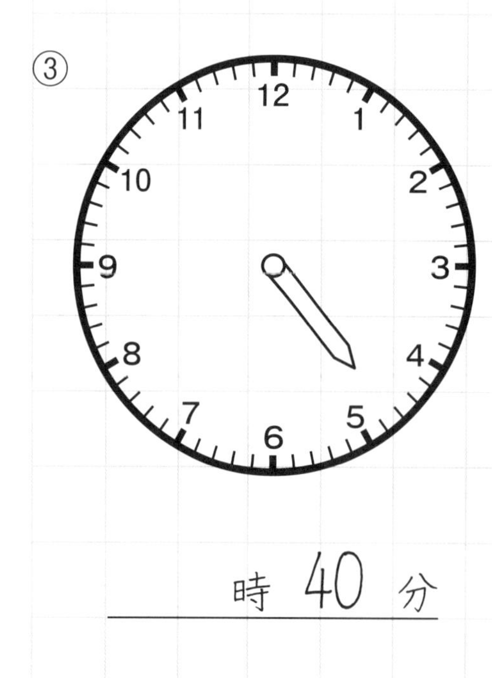

時 40 分

④

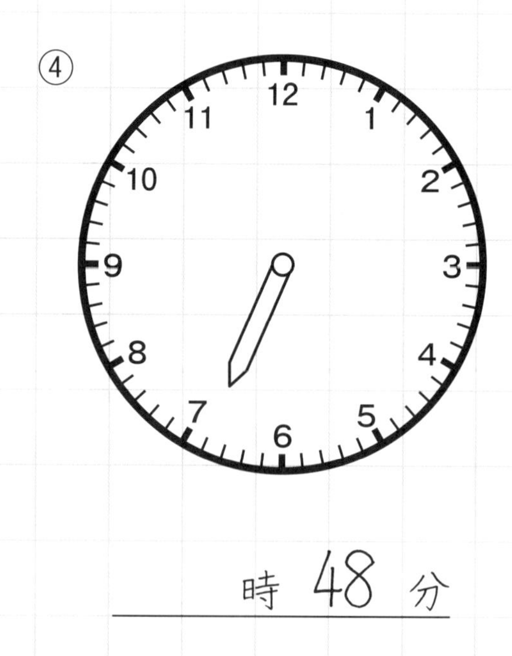

時 48 分

| 学習日 | 点 / 8点 | 名前 |
| --- | --- | --- |
| 月　日 | | |

2 時計の長いはりをかき、時こくもかきましょう。

①

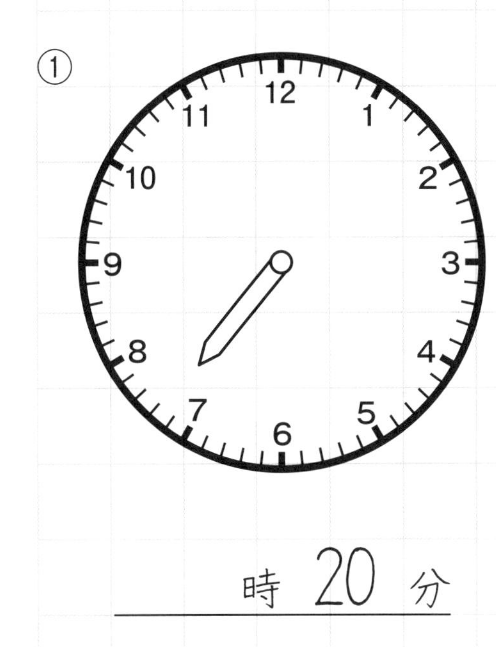

時 20 分

②

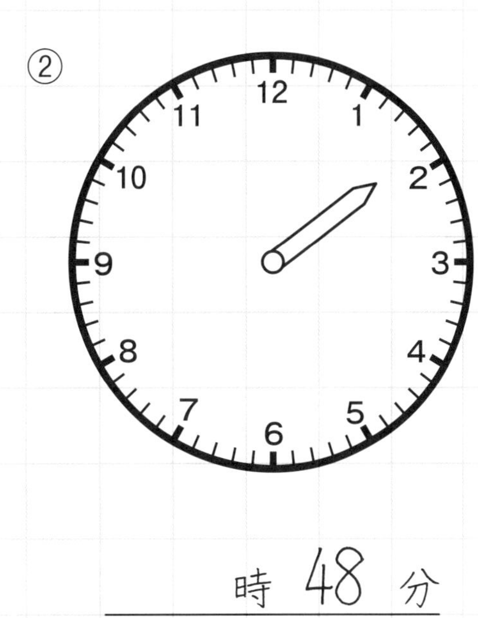

時 48 分

③

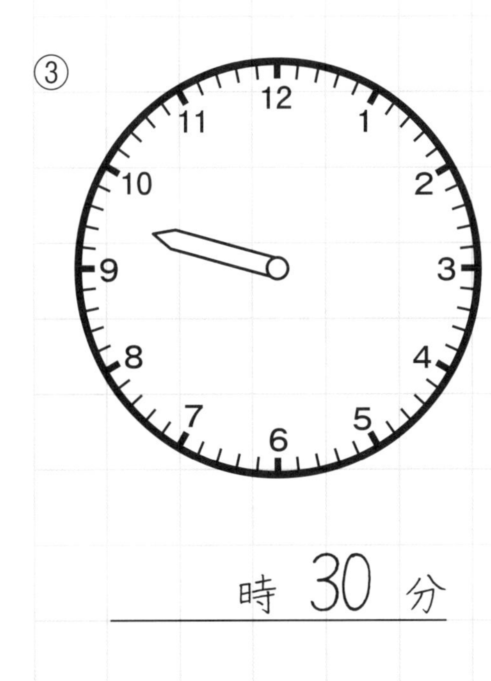

時 30 分

④

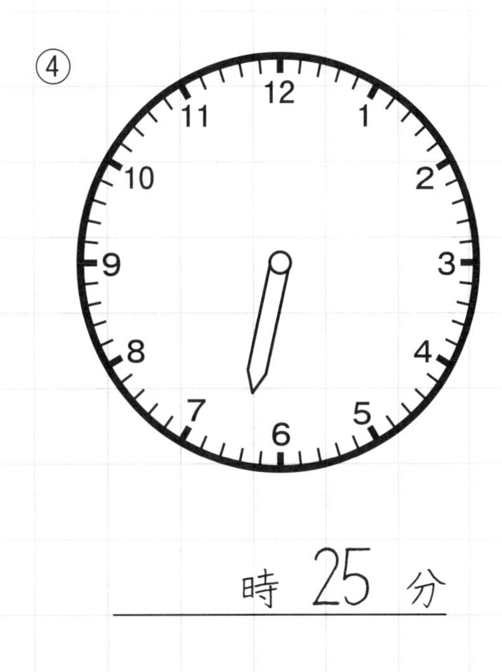

時 25 分

# 7 時こくをあらわす (2)

1　時計の長いはりをかき、時こくもかきましょう。

①

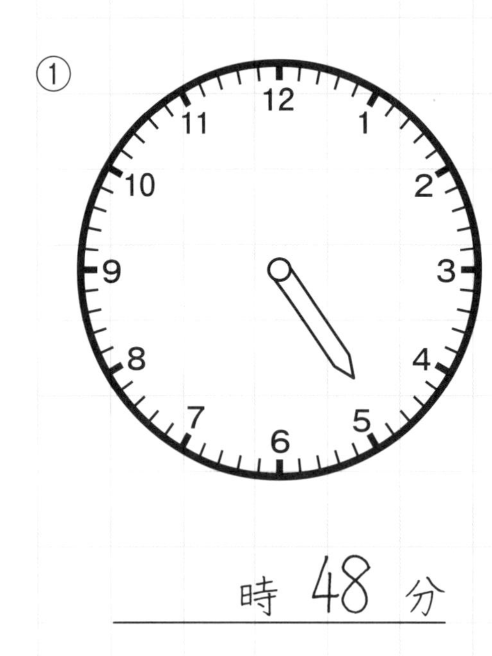

時 48 分

②

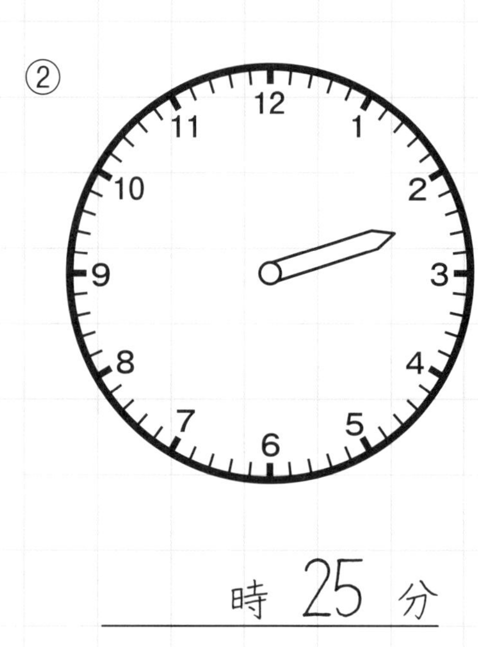

時 25 分

③

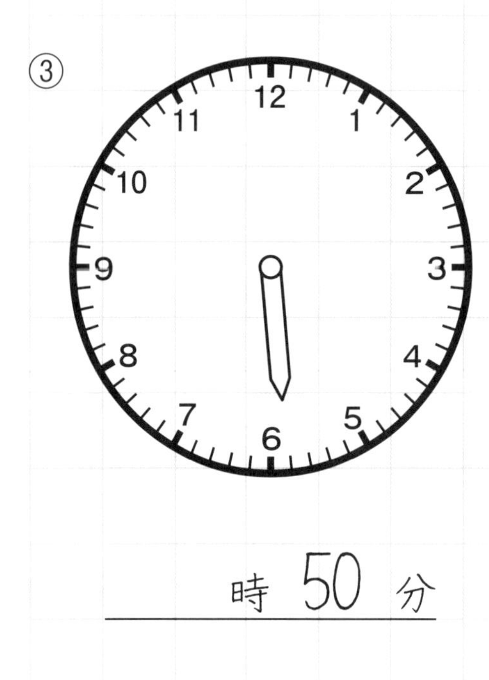

時 50 分

④

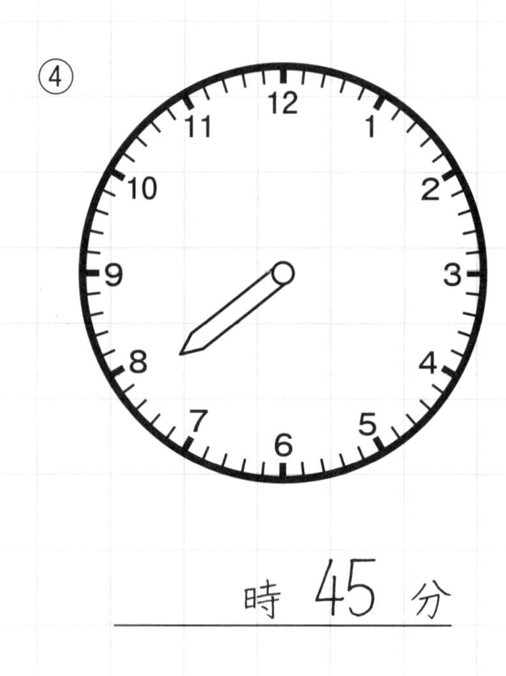

時 45 分

学習日　月　日　　点/8点　名前

2　時計の長いはりをかき、時こくもかきましょう。

①

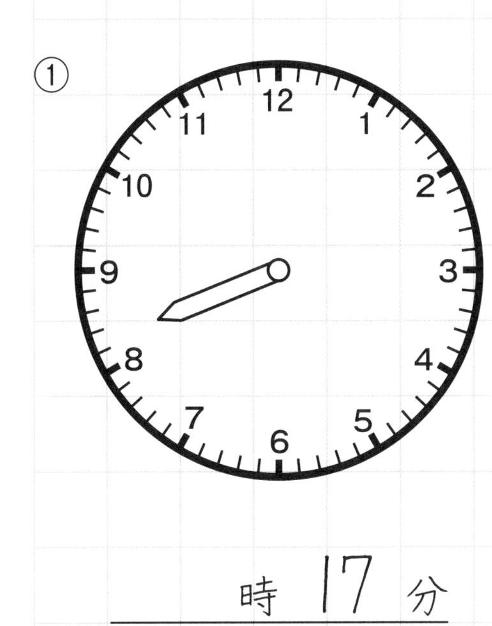

時 17 分

②

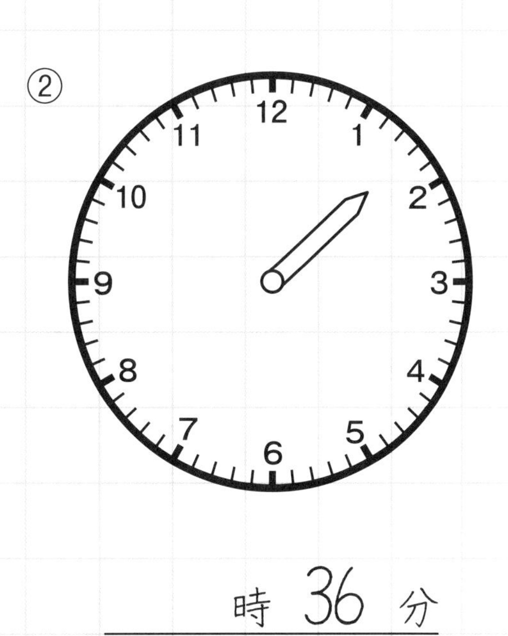

時 36 分

③

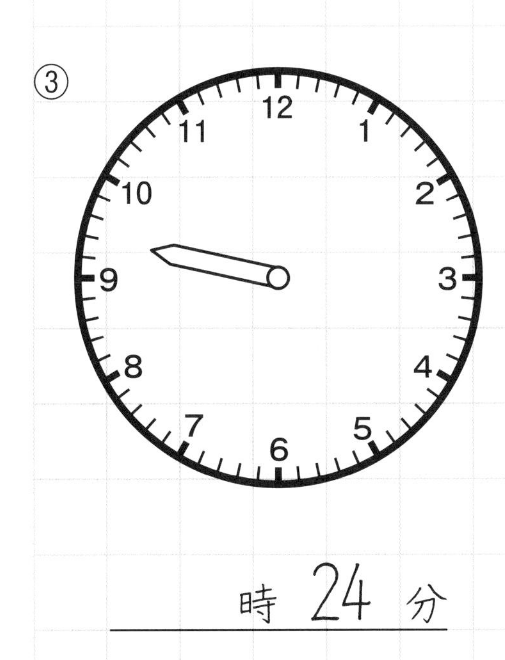

時 24 分

④

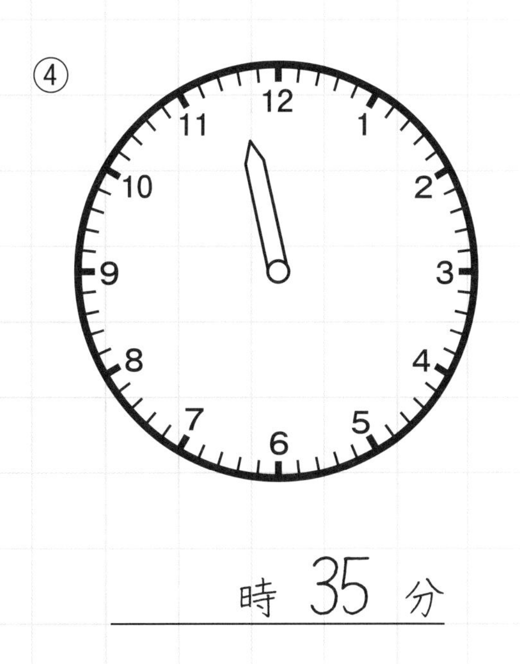

時 35 分

# 8 時こくをあらわす（3）

1 時計の長いはりをかき、時こくもかきましょう。

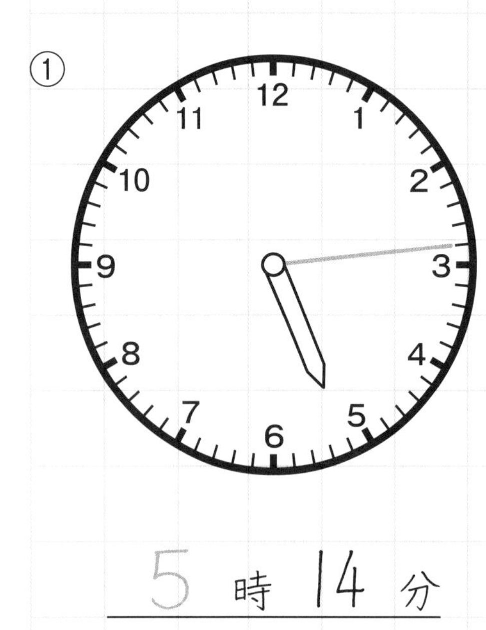

5 時 14 分

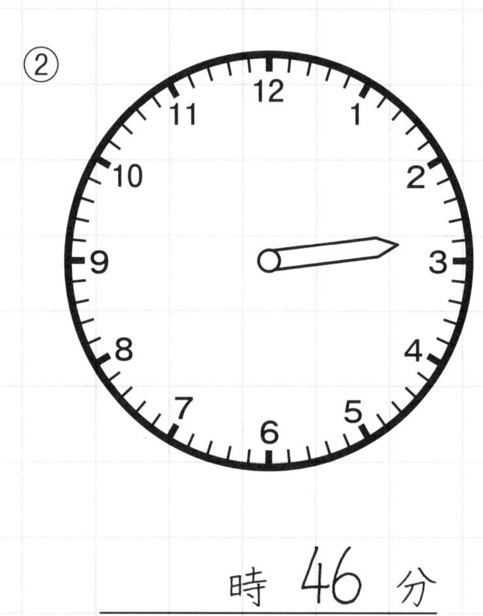

時 46 分

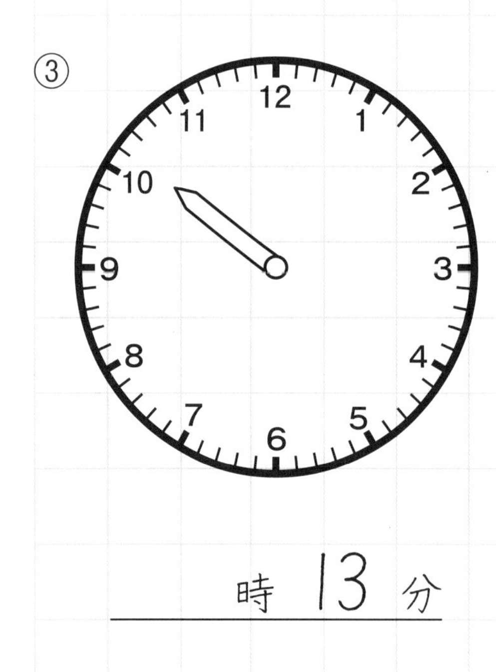

時 13 分

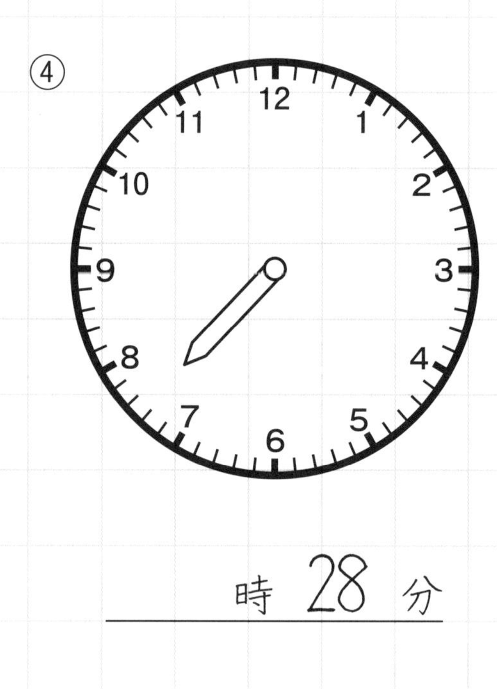

時 28 分

ねらい

月　日

時計の長いはりをかいたら、時こくもかきます。

2　時計の長いはりをかき、時こくもかきましょう。

①

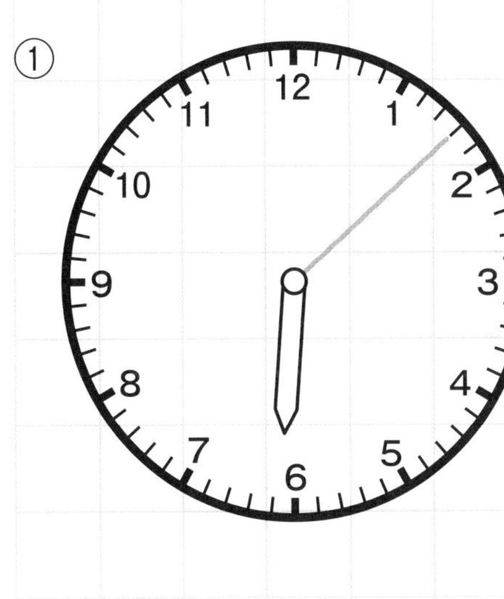

6 時 8 分

②

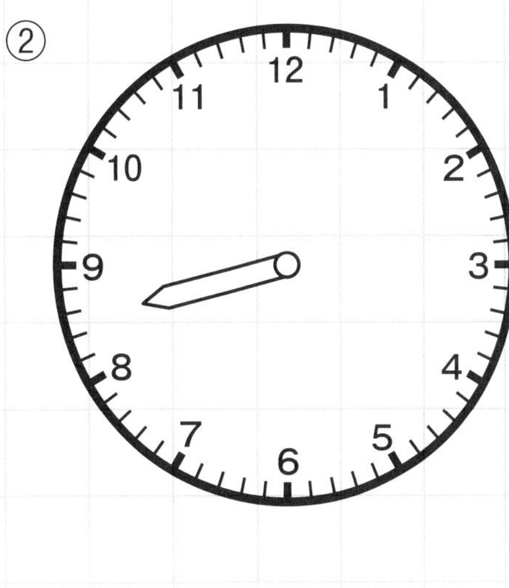

時 31 分

③

時 52 分

④

時 58 分

# 8 時こくをあらわす (3)

1 時計の長いはりをかき、時こくもかきましょう。

①

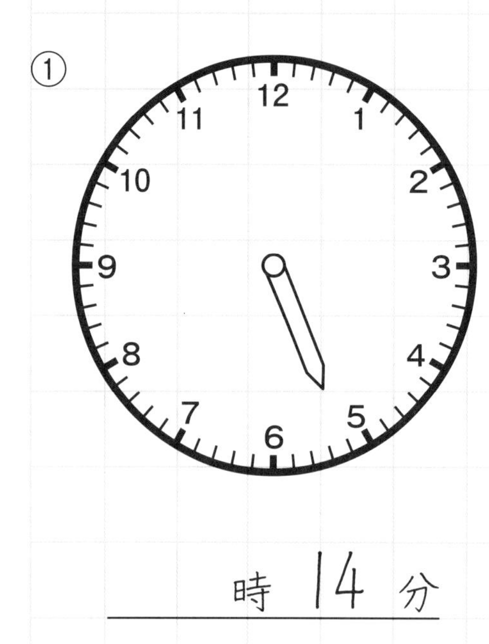

時 14 分

②

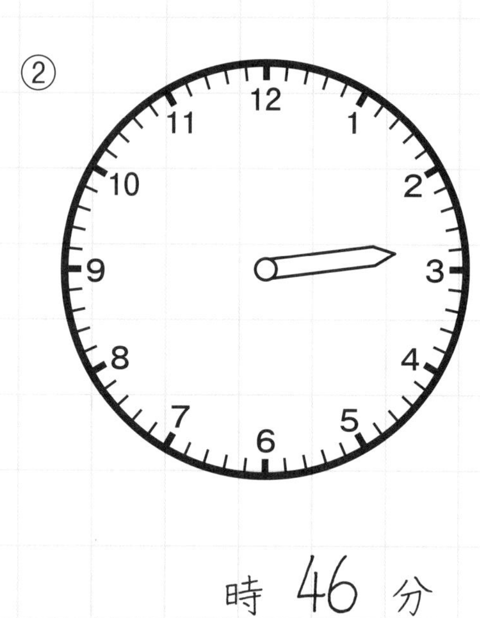

時 46 分

③

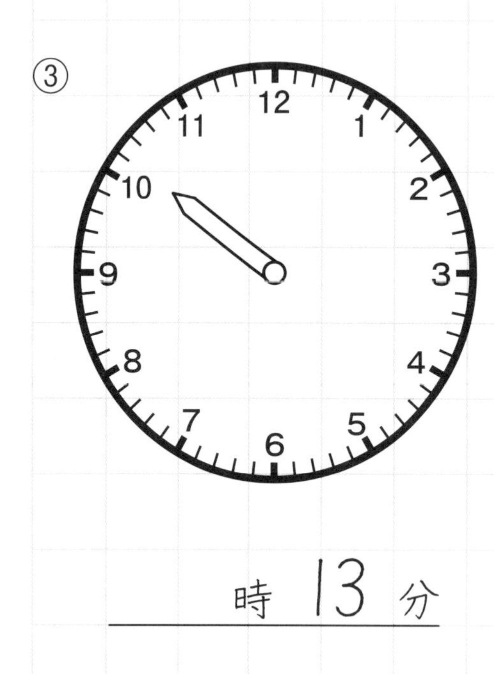

時 13 分

④

時 28 分

学習日　月　日　　点/8点　名前

2 時計の長いはりをかき、時こくもかきましょう。

①

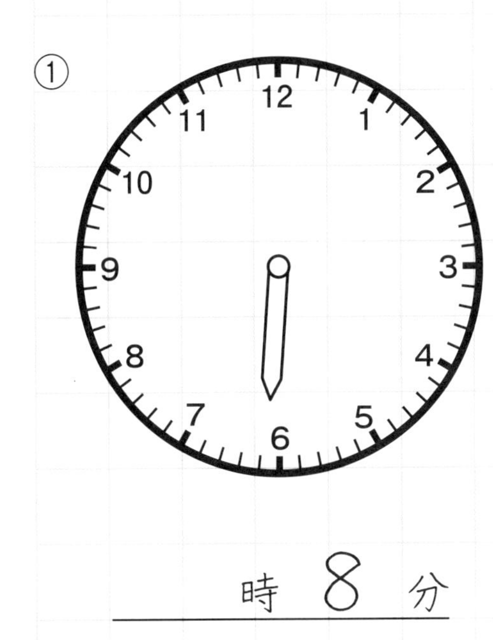


時　8　分

②

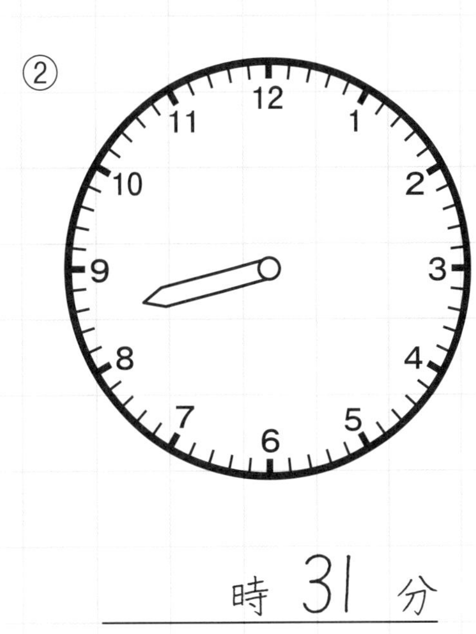


時　31　分

③

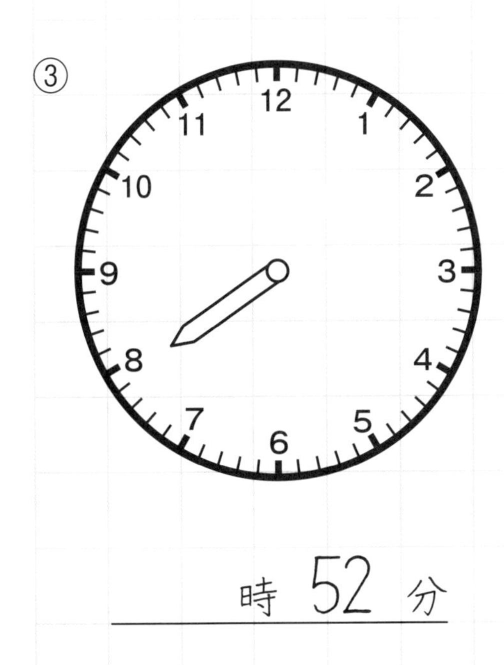


時　52　分

④

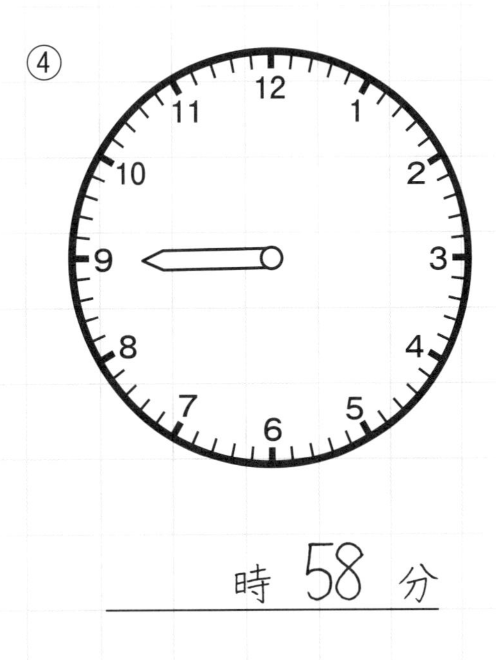


時　58　分

# 8 時こくをあらわす (3)

1 時計の長いはりをかき、時こくもかきましょう。

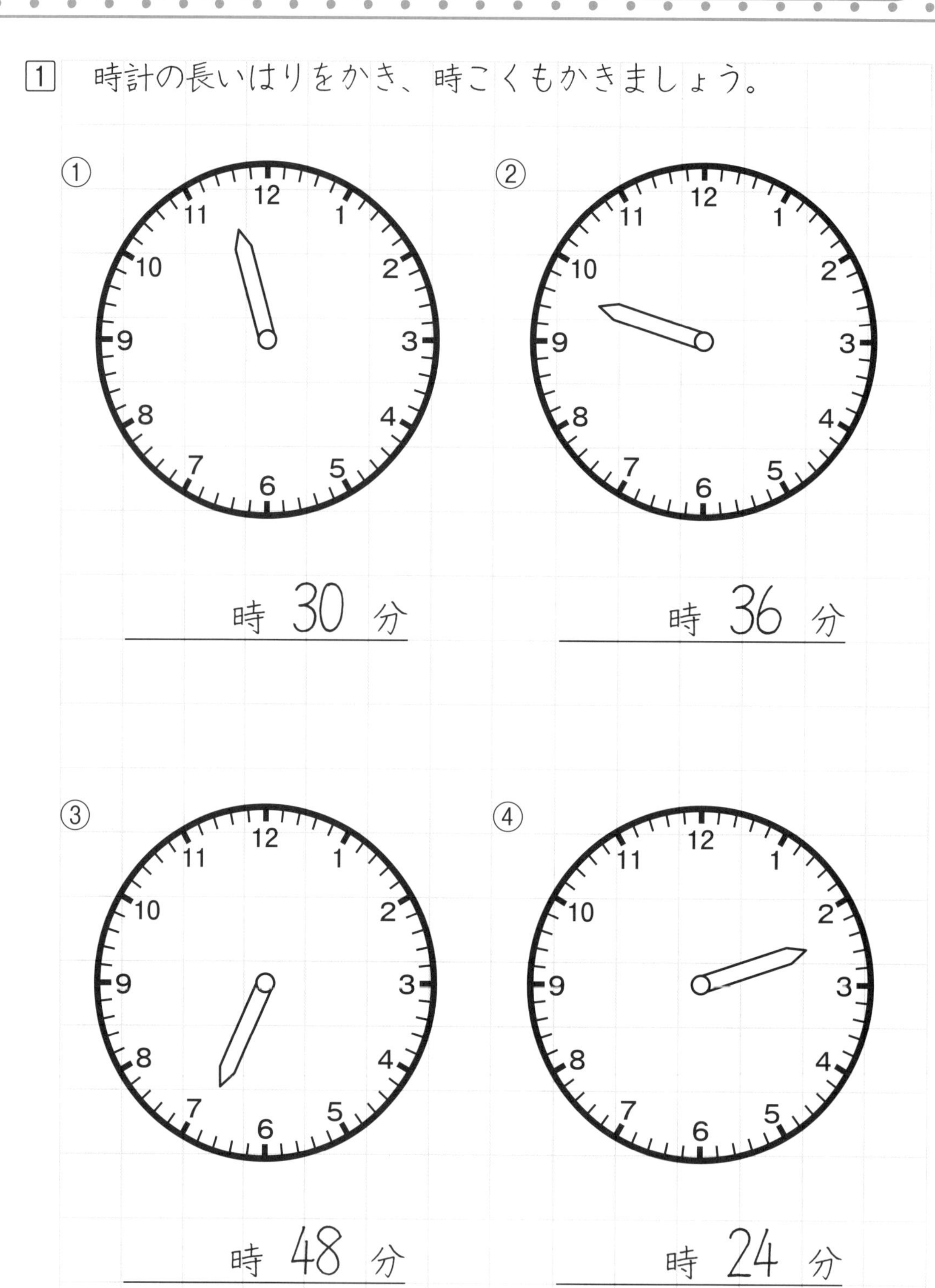

学習日
月　日　　点/8点　名前

2 時計の長いはりをかき、時こくもかきましょう。

①

時 43 分

②

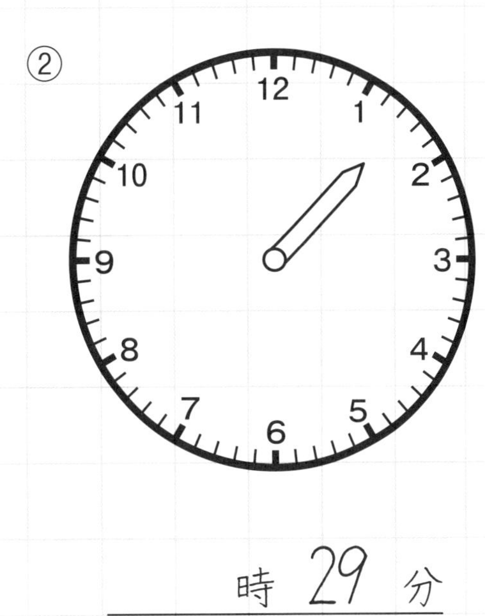


時 29 分

③

時 18 分

④

時 55 分

# 9 時間・分・秒(びょう) (1)

1 時間を分に直しましょう。

① 2時間 120 分　② 5時間 ＿＿ 分

③ 1時間10分 ＿＿ 分

④ 1時間30分 ＿＿ 分

⑤ 3時間20分 ＿＿ 分

2 分を時間に直しましょう。

① 180分 3 時間

② 200分 ＿＿ 時間 ＿＿ 分

③ 300分 ＿＿ 時間

④ 340分 ＿＿ 時間 ＿＿ 分

⑤ 215分 ＿＿ 時間 ＿＿ 分

ねらい
月　日

１時間＝60分です。１時間も60分間も時間です。

3 時間を分に直しましょう。

① 3時間 180 分　② 4時間 ＿＿ 分

③ 1時間40分 ＿＿ 分

④ 3時間40分 ＿＿ 分

⑤ 5時間50分 ＿＿ 分

4 分を時間に直しましょう。

① 120分 2 時間

② 150分 ＿＿ 時間 ＿＿ 分

③ 220分 ＿＿ 時間 ＿＿ 分

④ 380分 ＿＿ 時間 ＿＿ 分

⑤ 325分 ＿＿ 時間 ＿＿ 分

# 9 時間・分・秒(びょう) (1)

1 時間を分に直しましょう。

① 2時間 ＿＿＿＿分　② 5時間 ＿＿＿＿分

③ 1時間10分 ＿＿＿＿分

④ 1時間30分 ＿＿＿＿分

⑤ 3時間20分 ＿＿＿＿分

2 分を時間に直しましょう。

① 180分 ＿＿＿＿時間

② 200分 ＿＿＿＿時間＿＿＿＿分

③ 300分 ＿＿＿＿時間

④ 340分 ＿＿＿＿時間＿＿＿＿分

⑤ 215分 ＿＿＿＿時間＿＿＿＿分

学習日　月　日　点/20点　名前

3 時間を分に直しましょう。

① 3時間 ＿＿＿＿分　② 4時間 ＿＿＿＿分

③ 1時間40分 ＿＿＿＿分

④ 3時間40分 ＿＿＿＿分

⑤ 5時間50分 ＿＿＿＿分

4 分を時間に直しましょう。

① 120分 ＿＿＿＿時間

② 150分 ＿＿＿＿時間＿＿＿＿分

③ 220分 ＿＿＿＿時間＿＿＿＿分

④ 380分 ＿＿＿＿時間＿＿＿＿分

⑤ 325分 ＿＿＿＿時間＿＿＿＿分

# 9 時間・分・秒(びょう)（1）

1 時間を分に直しましょう。

① 6時間 ＿＿＿＿分　② 9時間 ＿＿＿＿分

③ 1時間20分 ＿＿＿＿分

④ 2時間30分 ＿＿＿＿分

⑤ 4時間35分 ＿＿＿＿分

2 分を時間に直しましょう。

① 160分 ＿＿＿＿時間＿＿＿＿分

② 210分 ＿＿＿＿時間＿＿＿＿分

③ 305分 ＿＿＿＿時間＿＿＿＿分

④ 195分 ＿＿＿＿時間＿＿＿＿分

⑤ 265分 ＿＿＿＿時間＿＿＿＿分

学習日
月　日　　点/20点　名前

3 時間を分に直しましょう。

① 8時間 ＿＿＿＿分　② 10時間 ＿＿＿＿分

③ 1時間45分 ＿＿＿＿分

④ 2時間45分 ＿＿＿＿分

⑤ 3時間55分 ＿＿＿＿分

4 分を時間に直しましょう。

① 315分 ＿＿時間＿＿分

② 295分 ＿＿時間＿＿分

③ 175分 ＿＿時間＿＿分

④ 405分 ＿＿時間＿＿分

⑤ 235分 ＿＿時間＿＿分

# 10 時間・分・秒(びょう) (2)

1 分を秒に直しましょう。

① 1分 ＿＿＿＿ 秒　② 2分 ＿120＿ 秒

③ 2分20秒 ＿＿＿＿ 秒

④ 3分30秒 ＿＿＿＿ 秒

⑤ 4分45秒 ＿＿＿＿ 秒

2 秒を分に直しましょう。

① 200秒 ＿3＿ 分 ＿20＿ 秒

② 400秒 ＿＿ 分 ＿＿ 秒

③ 300秒 ＿＿ 分

④ 235秒 ＿＿ 分 ＿＿ 秒

⑤ 415秒 ＿＿ 分 ＿＿ 秒

ねらい

月　日

1分＝60秒です。１分間も60秒間も時間です。

3 分を秒に直しましょう。

① 4分　240 秒　② 3分　＿＿ 秒

③ 4分10秒　＿＿ 秒

④ 5分30秒　＿＿ 秒

⑤ 2分45秒　＿＿ 秒

4 秒を分に直しましょう。

① 210秒　3 分 30 秒

② 330秒　＿ 分 ＿ 秒

③ 405秒　＿ 分 ＿ 秒

④ 255秒　＿ 分 ＿ 秒

⑤ 385秒　＿ 分 ＿ 秒

# 10 時間・分・秒(びょう) (2)

1 分を秒に直しましょう。

① 1分 ＿＿＿＿秒　② 2分 ＿＿＿＿秒

③ 2分20秒 ＿＿＿＿秒

④ 3分30秒 ＿＿＿＿秒

⑤ 4分45秒 ＿＿＿＿秒

2 秒を分に直しましょう。

① 200秒 ＿＿＿＿分＿＿＿＿秒

② 400秒 ＿＿＿＿分＿＿＿＿秒

③ 300秒 ＿＿＿＿分

④ 235秒 ＿＿＿＿分＿＿＿＿秒

⑤ 415秒 ＿＿＿＿分＿＿＿＿秒

| 学習日 | | 名前 |
|---|---|---|
| 月　日 | 点/20点 | |

3 分を秒に直しましょう。

① 4分 ＿＿＿＿秒　② 3分 ＿＿＿＿秒

③ 4分10秒 ＿＿＿＿秒

④ 5分30秒 ＿＿＿＿秒

⑤ 2分45秒 ＿＿＿＿秒

4 秒を分に直しましょう。

① 210秒 ＿＿分＿＿秒

② 330秒 ＿＿分＿＿秒

③ 405秒 ＿＿分＿＿秒

④ 255秒 ＿＿分＿＿秒

⑤ 385秒 ＿＿分＿＿秒

# 10 時間・分・秒（2）

1 分を秒に直しましょう。

① 7分 ＿＿＿＿秒　② 10分 ＿＿＿＿秒

③ 4分50秒 ＿＿＿＿秒

④ 3分50秒 ＿＿＿＿秒

⑤ 2分55秒 ＿＿＿＿秒

2 秒を分に直しましょう。

① 230秒 ＿＿＿＿分＿＿＿＿秒

② 340秒 ＿＿＿＿分＿＿＿＿秒

③ 500秒 ＿＿＿＿分＿＿＿＿秒

④ 435秒 ＿＿＿＿分＿＿＿＿秒

⑤ 535秒 ＿＿＿＿分＿＿＿＿秒

学習日
月　日　　点/20点　名前

3 分を秒に直しましょう。

① 9分 ＿＿＿＿秒　② 8分 ＿＿＿＿秒

③ 5分25秒 ＿＿＿＿秒

④ 4分40秒 ＿＿＿＿秒

⑤ 3分45秒 ＿＿＿＿秒

4 秒を分に直しましょう。

① 260秒 ＿＿分＿＿秒

② 390秒 ＿＿分＿＿秒

③ 515秒 ＿＿分＿＿秒

④ 455秒 ＿＿分＿＿秒

⑤ 625秒 ＿＿分＿＿秒

# 11 時こくと時間 (1)

1　㋐⇨㋑の時こくと、時計の長いはりをかきましょう。

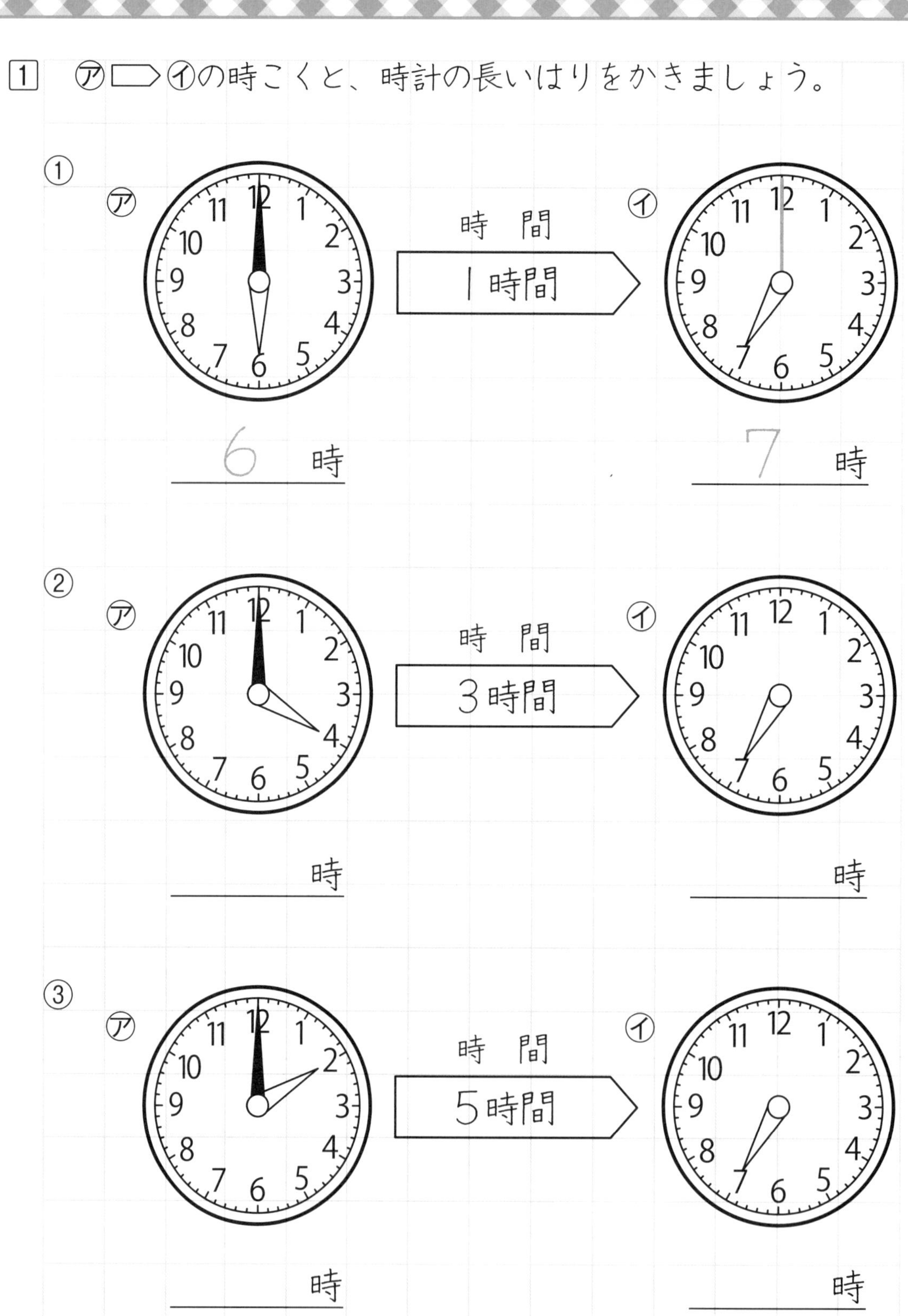

ねらい　月　日　「いま6時です。いまから1時間はじゆうです。7時にはここにあつまりましょう。」6時と7時は時こくで、1時間は時間です。

2　㋐▭㋑の時こくと、時計の長いはりをかきましょう。

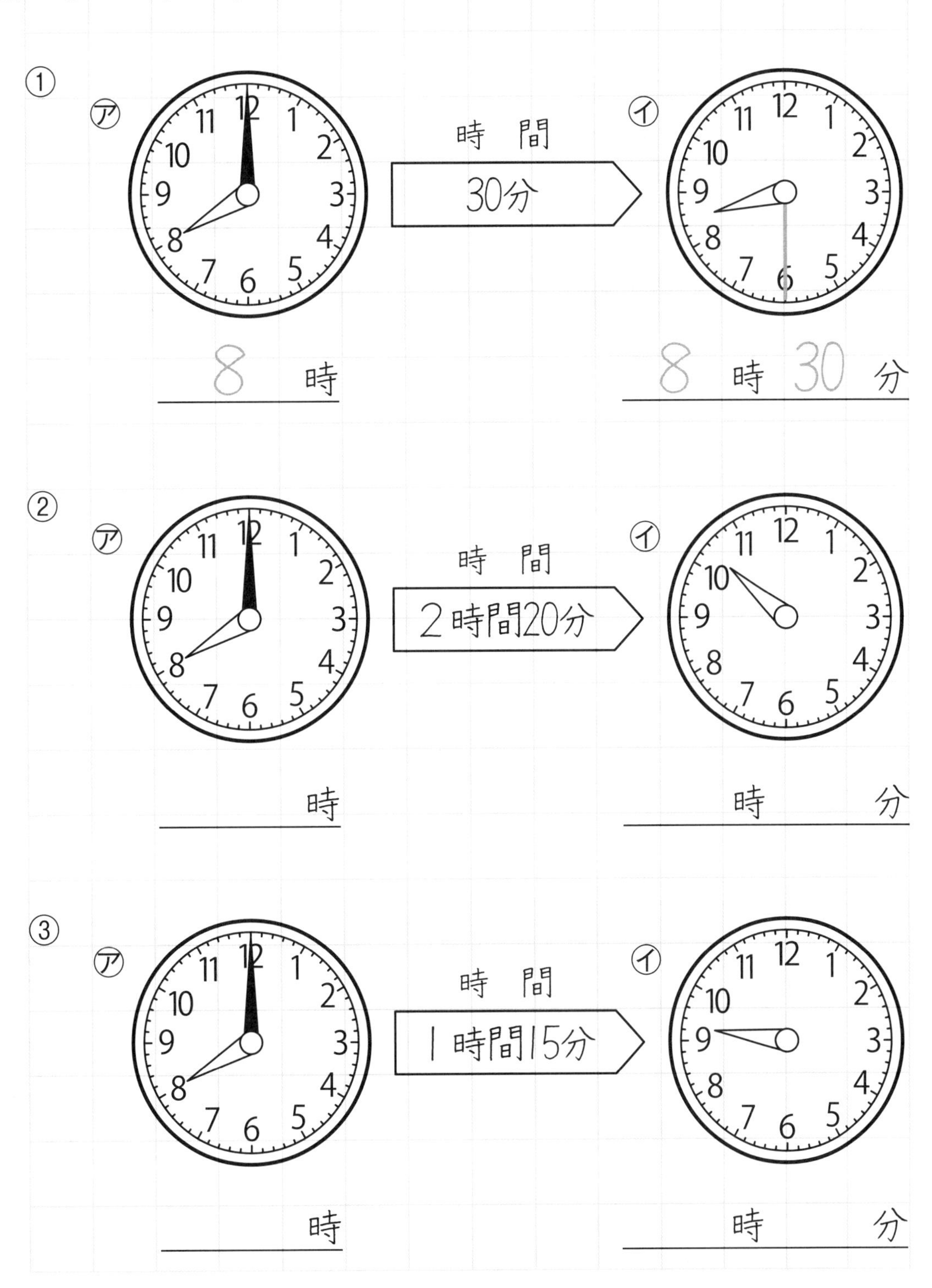

# 11 時こくと時間 (1)

1 ㋐▭▷㋑の時こくと、時計の長いはりをかきましょう。

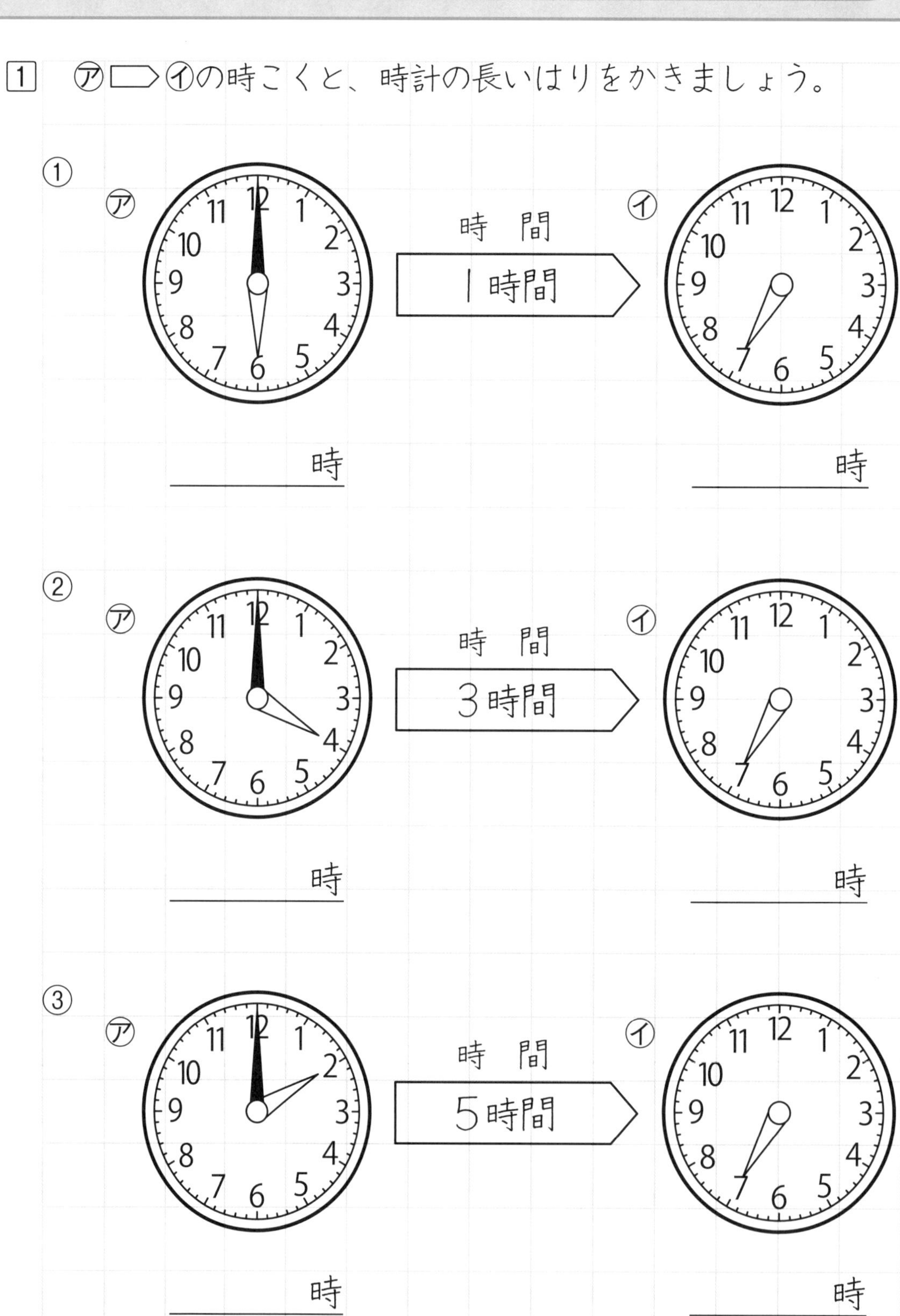

学習日　月　日　点/6点　名前

2　㋐▭▷㋑の時こくと、時計の長いはりをかきましょう。

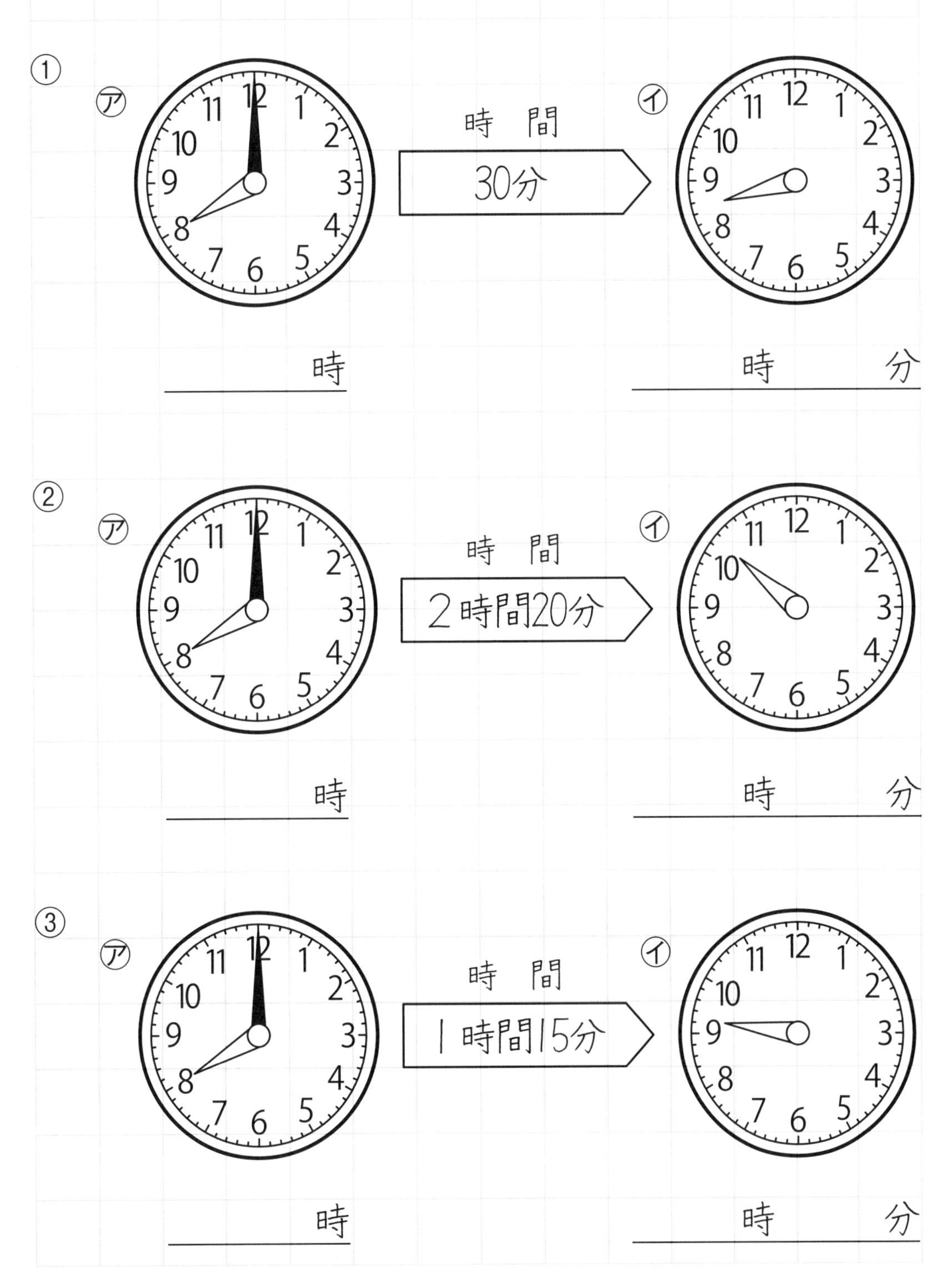

# 11 時こくと時間 (1)

1　㋐□➡㋑の時こくと、時計の長いはりをかきましょう。

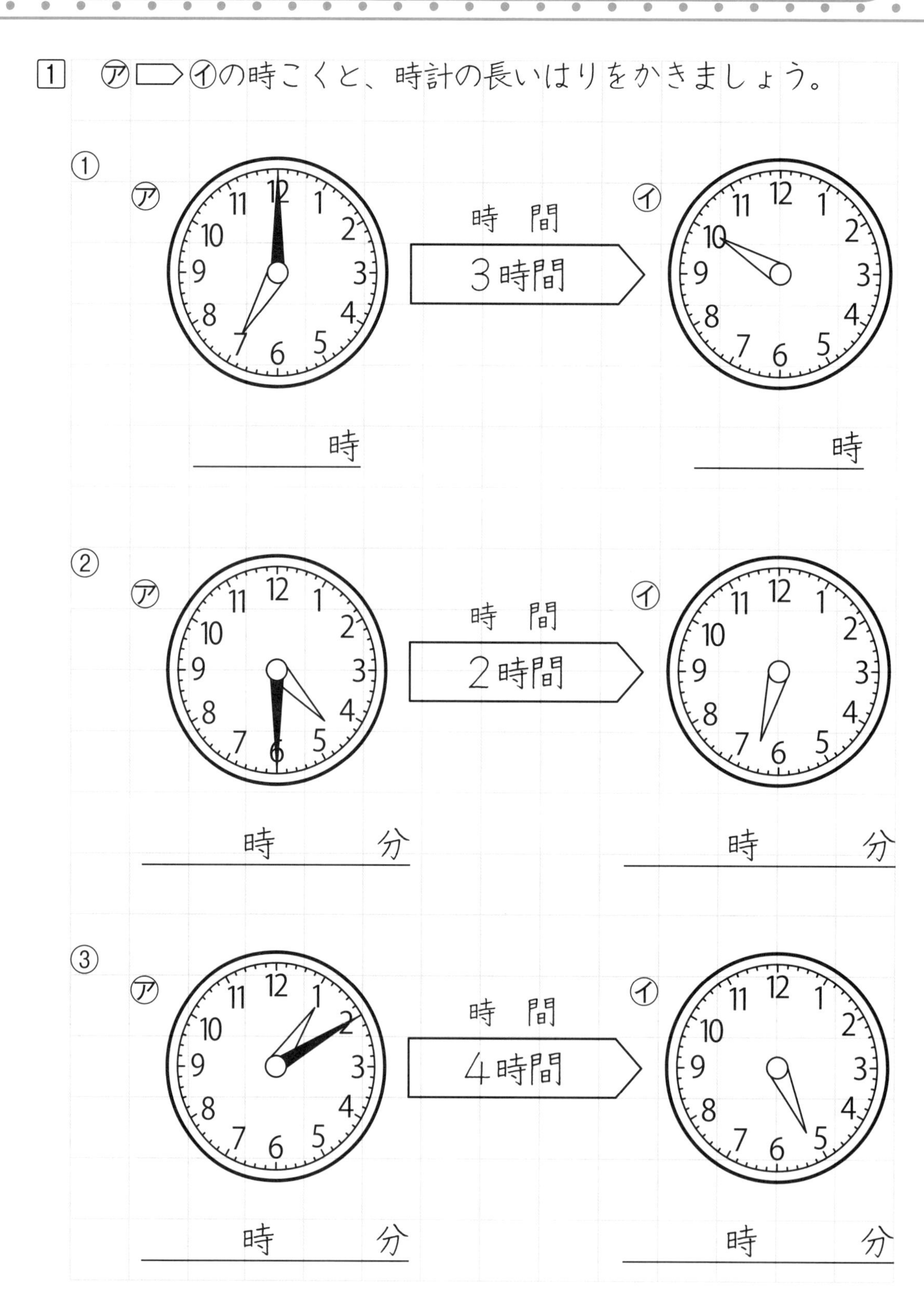

学習日　月　日　　点/6点　名前

2　ア□イの時こくと、時計の長いはりをかきましょう。

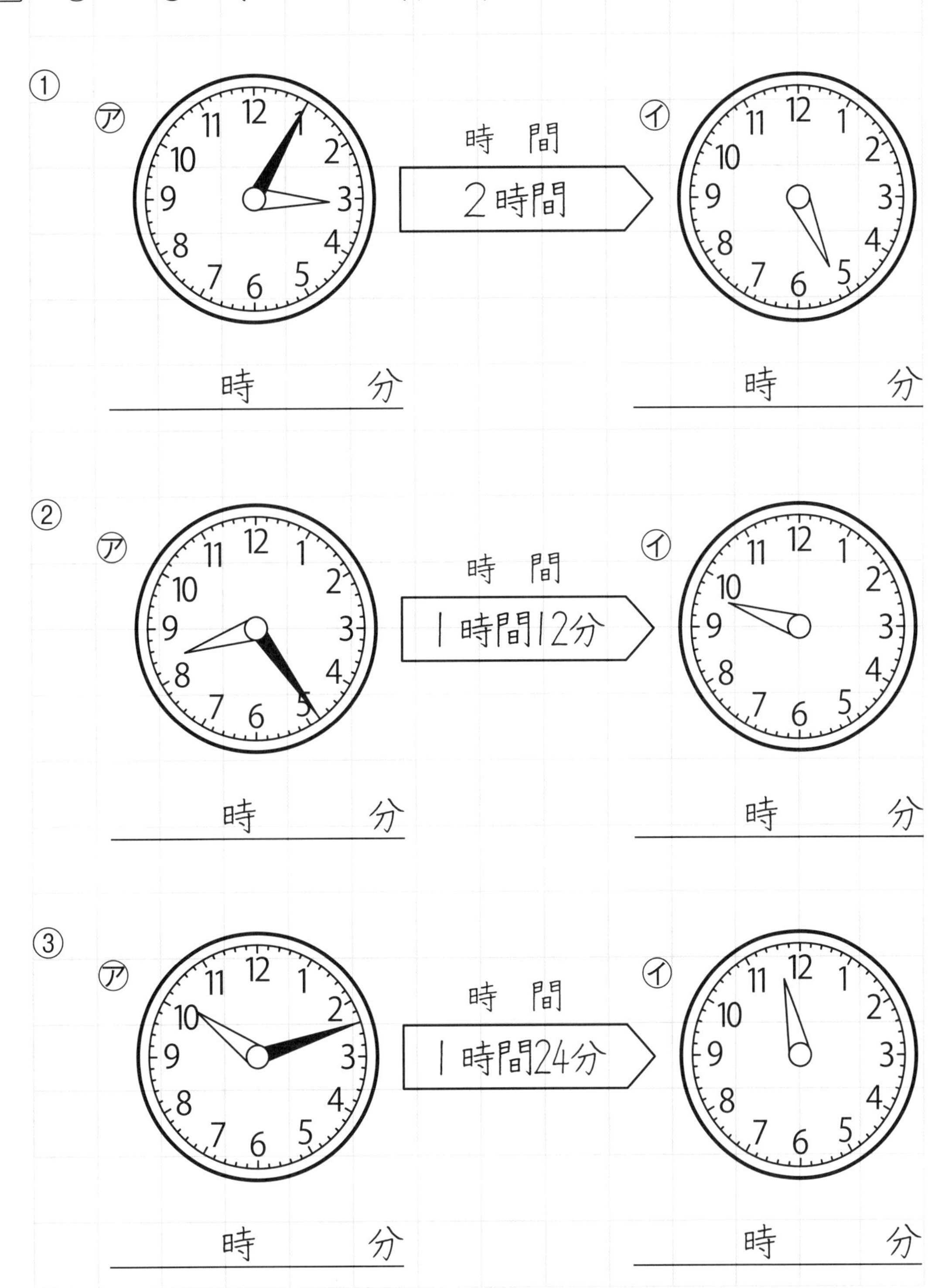

# 12 時こくと時間 (2)

1 ㋐□⇒㋑の時こくと、時計の長いはりをかきましょう。

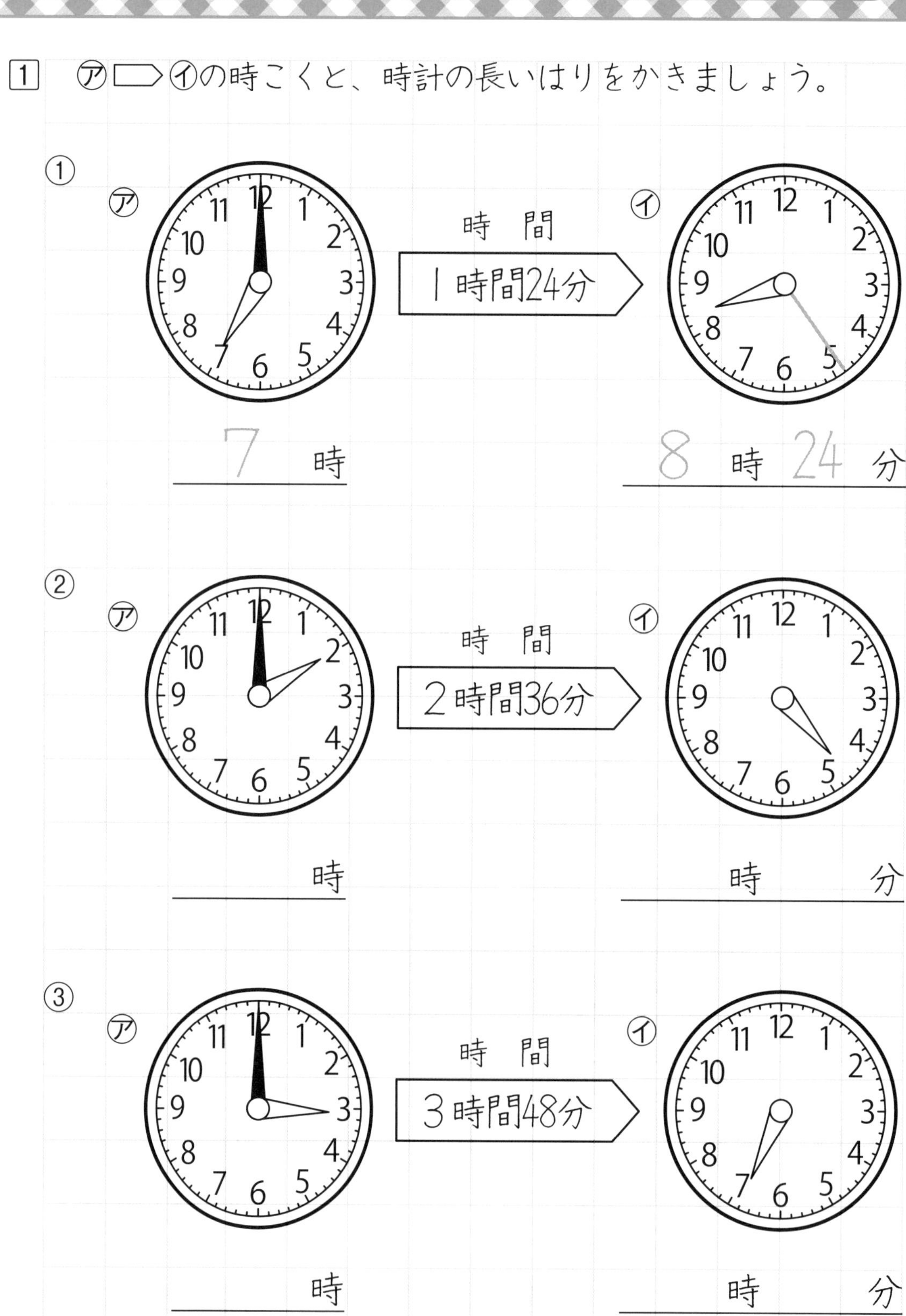

ねらい　月　日

1の①のように、「7時に船にのり、8時24分におりる」は時こくをあらわし、のっている1時間24分は時間をあらわします。

2 ㋐⇨㋑の時こくと、時計の長いはりをかきましょう。

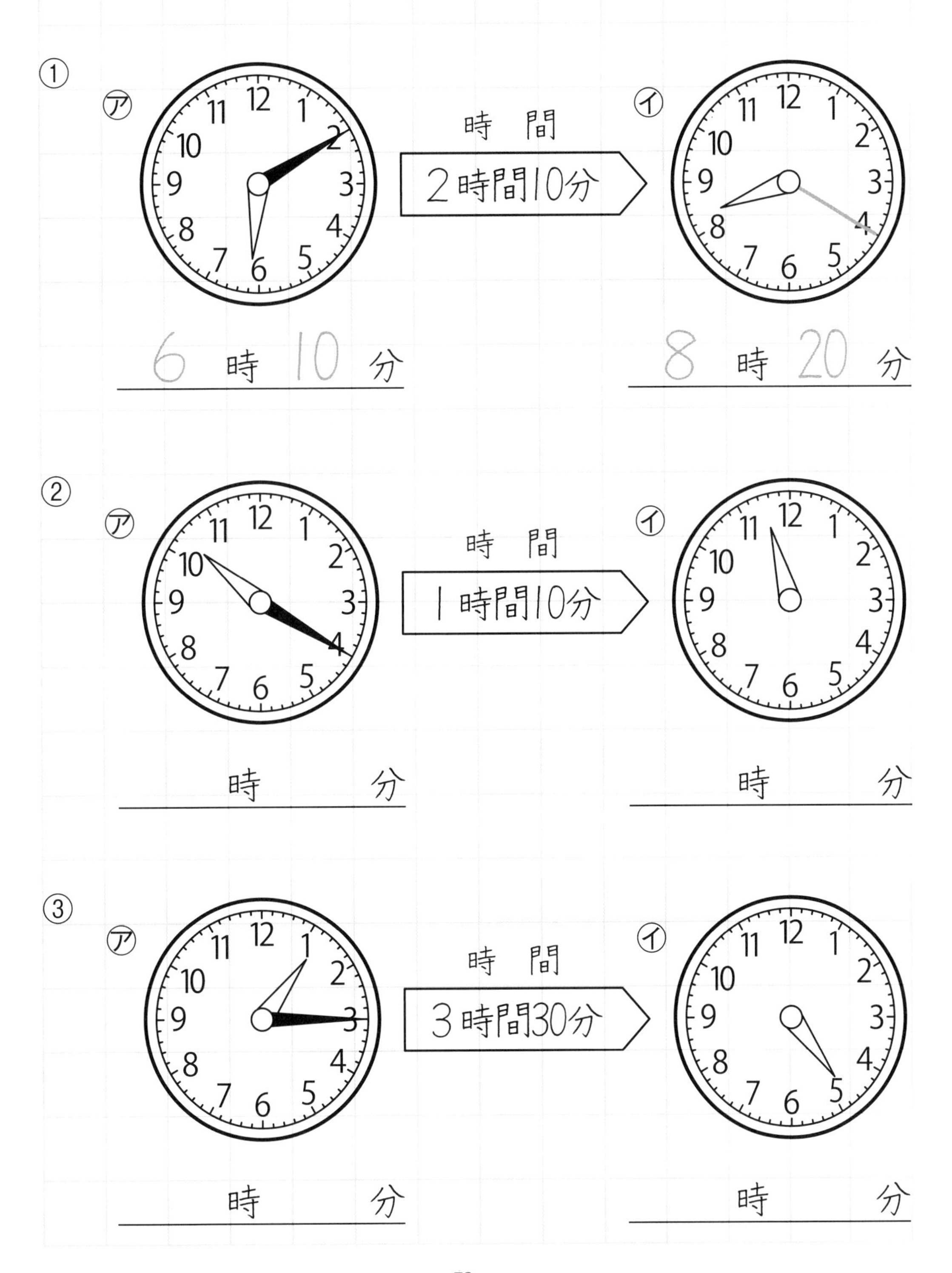

# 12 時こくと時間 (2)

1 ㋐ ⇨ ㋑の時こくと、時計の長いはりをかきましょう。

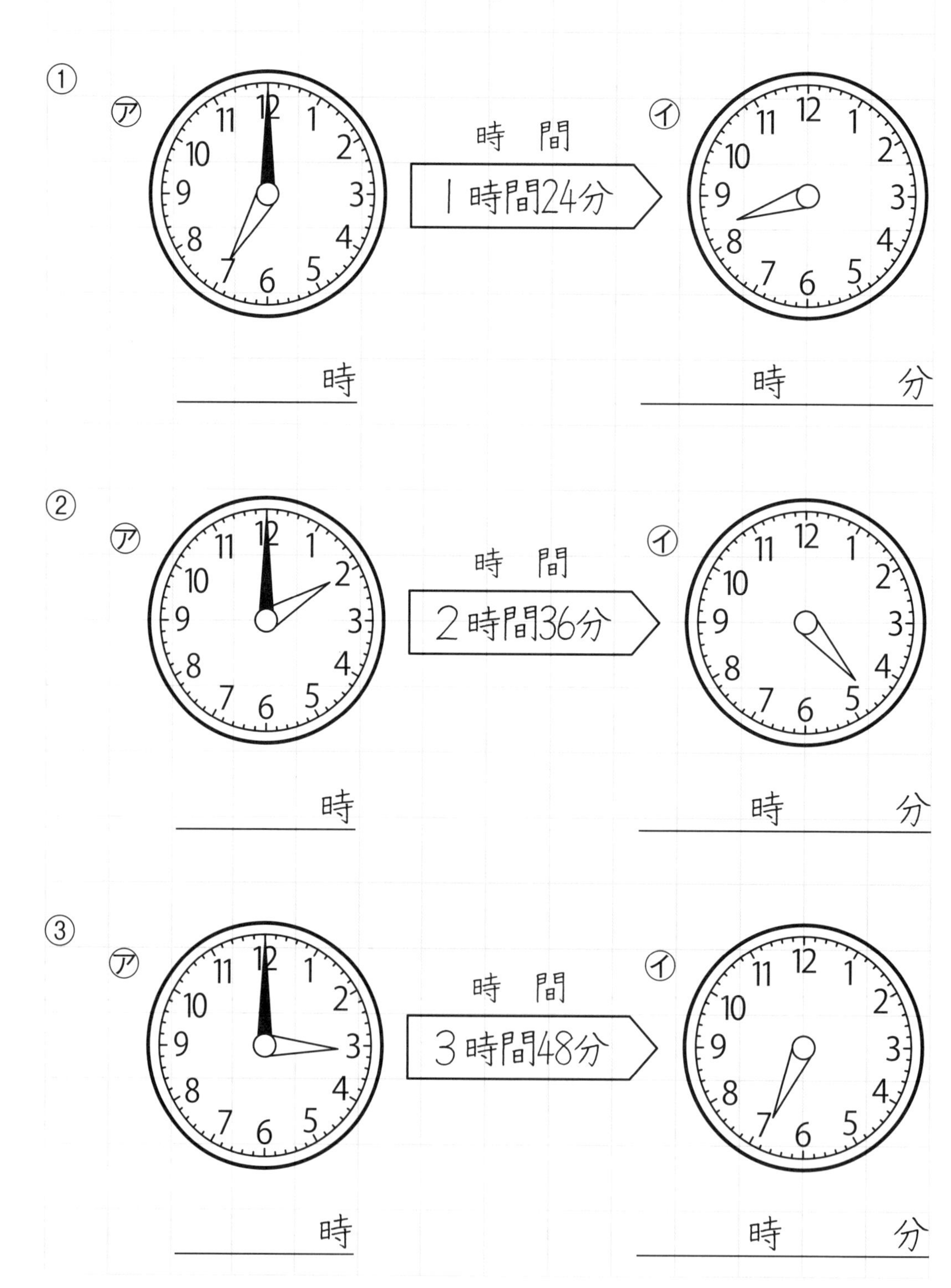

| 学習日 | | 名前 |
|---|---|---|
| 月　日 | 点／6点 | |

2　㋐□㋑の時こくと、時計の長いはりをかきましょう。

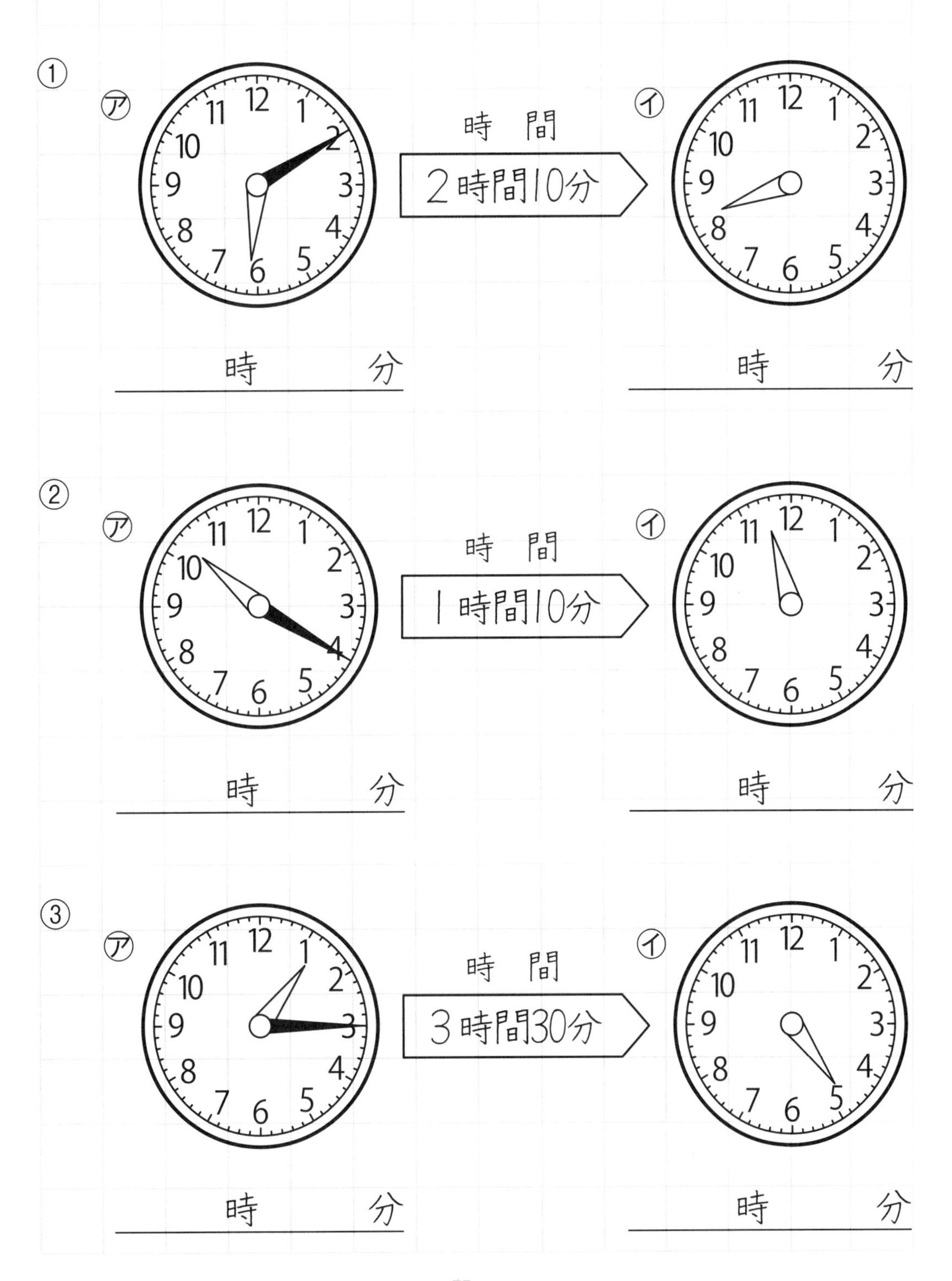

# 12 時こくと時間 (2)

1 ㋐ ⊏⊐＞ ㋑の時こくと、時計の長いはりをかきましょう。

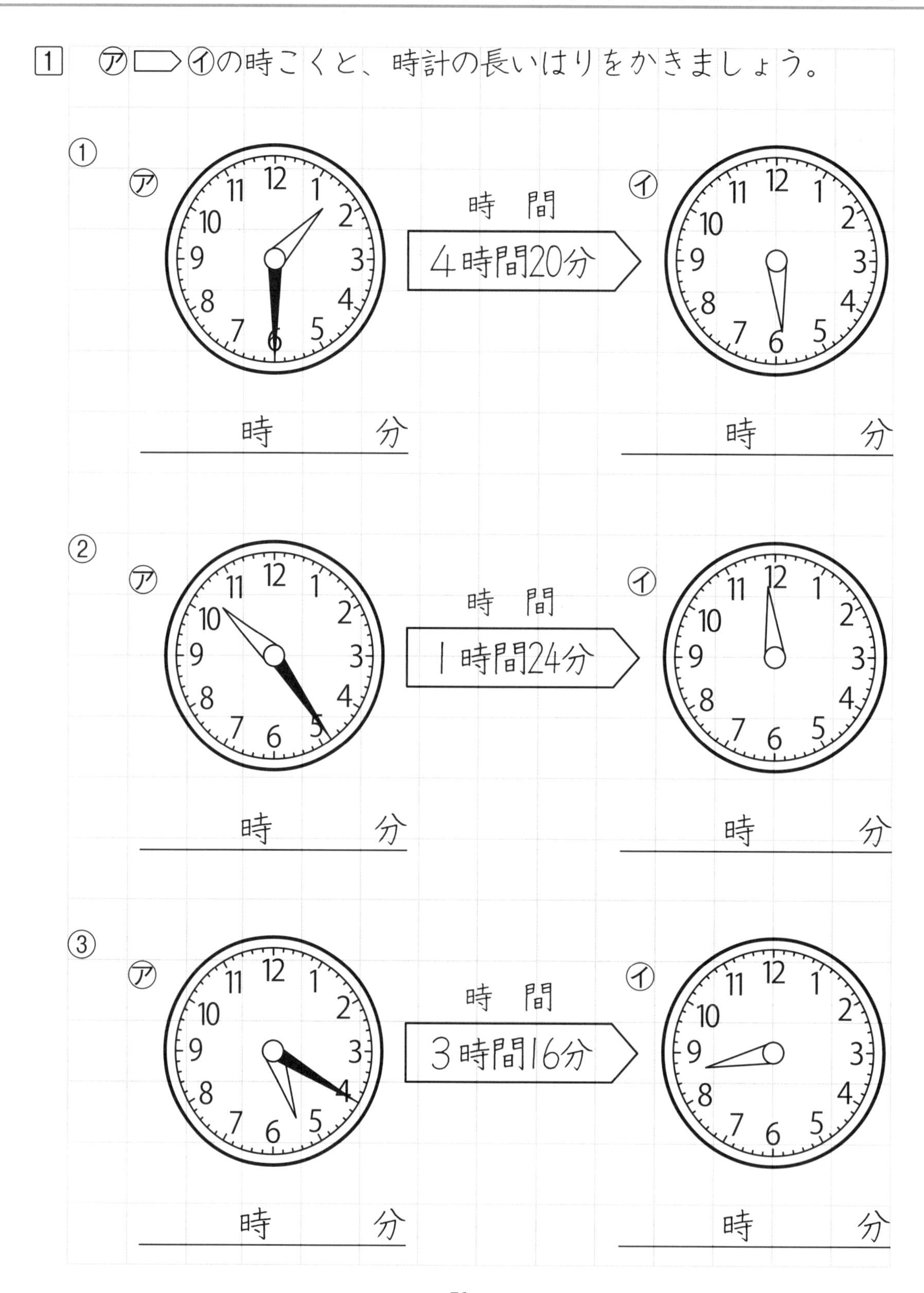

学習日　月　日　点/6点　名前

2　㋐⇨㋑の時こくと、時計の長いはりをかきましょう。

①

㋐　→　時間　2時間6分　→　㋑

時　分　　時　分

②

㋐　→　時間　3時間7分　→　㋑

時　分　　時　分

③

㋐　→　時間　1時間8分　→　㋑

時　分　　時　分

# 13 時こくと時間 (3)

1　時こくをかき、時計の長いはりをかきましょう。

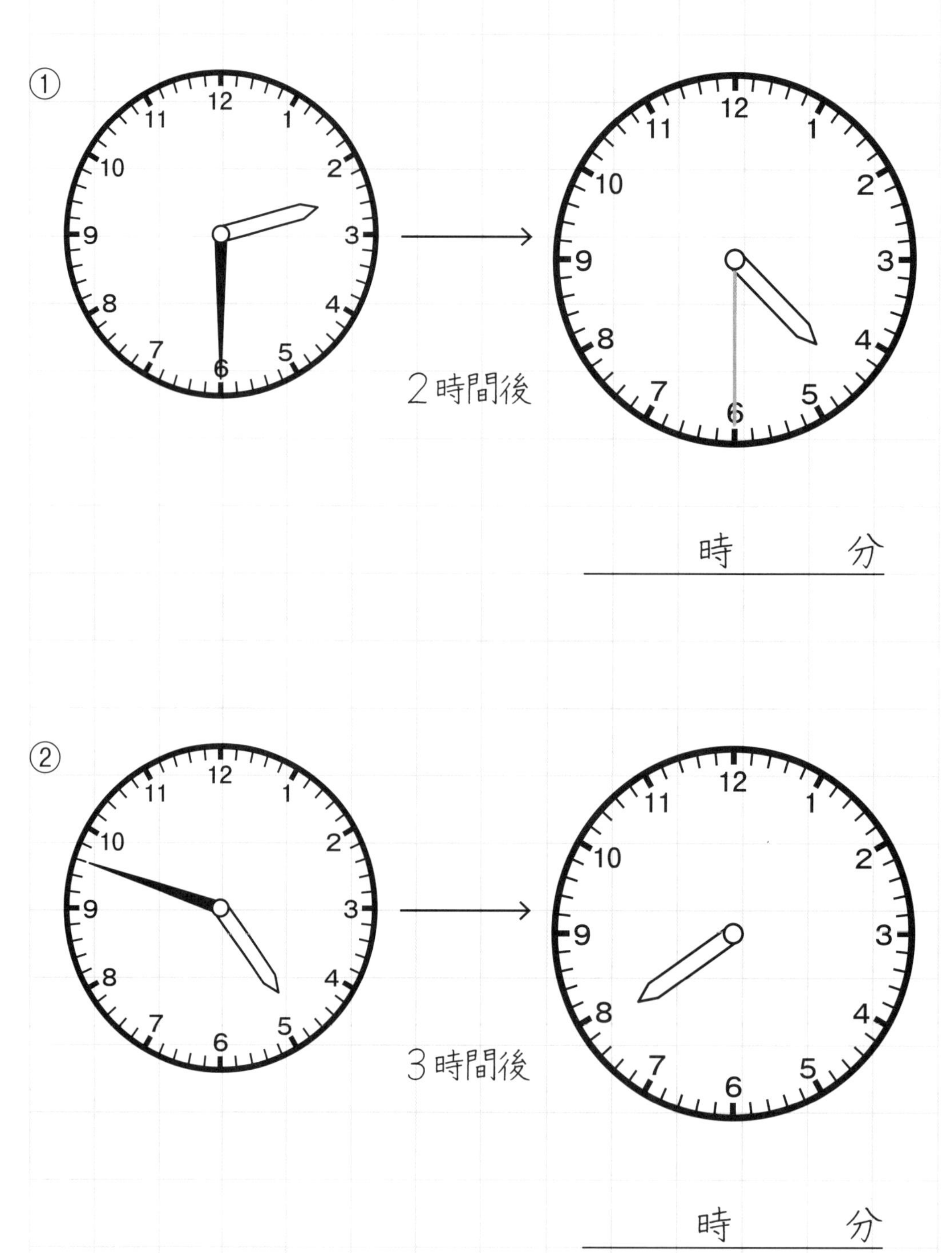

ねらい　月　日

時計を読むとは、時こくを読むことです。１時間後や１時間前は時間をあらわします。

2 時こくをかき、時計の長いはりをかきましょう。

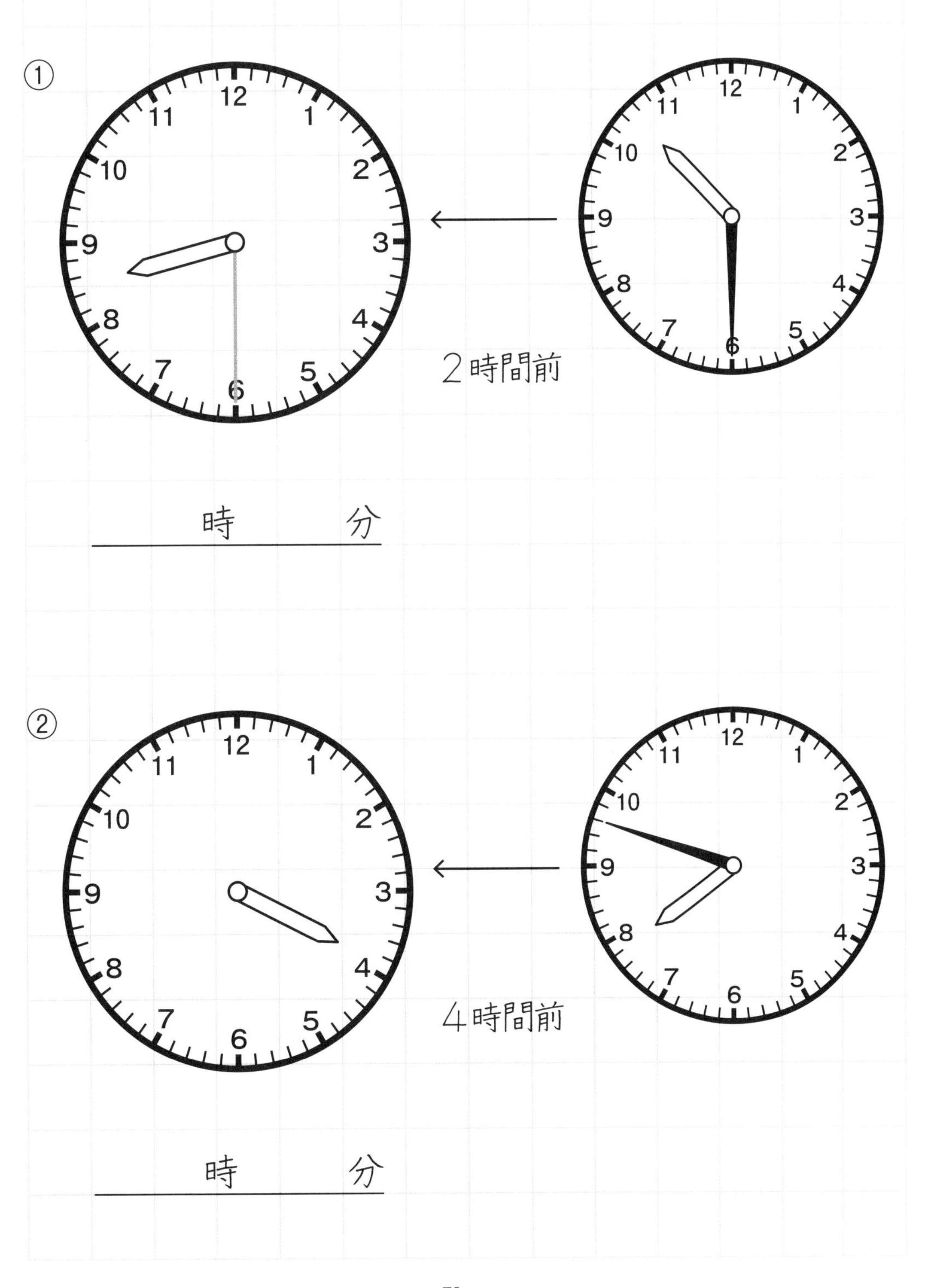

# 13 時こくと時間 (3)

1 時こくをかき、時計の長いはりをかきましょう。

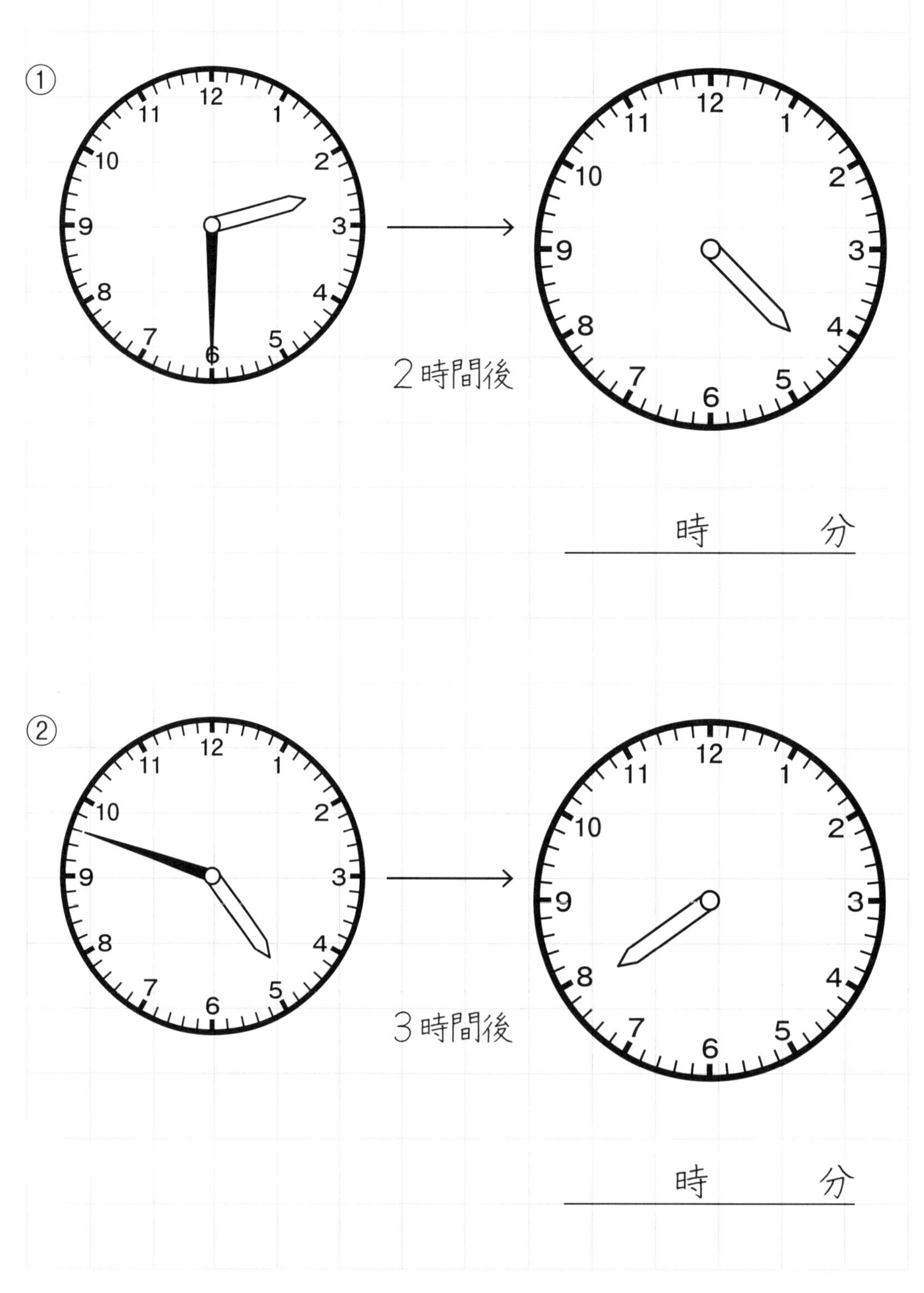

| 学習日 | | 名前 |
|---|---|---|
| 月　日 | 点／4点 | |

2　時こくをかき、時計の長いはりをかきましょう。

①

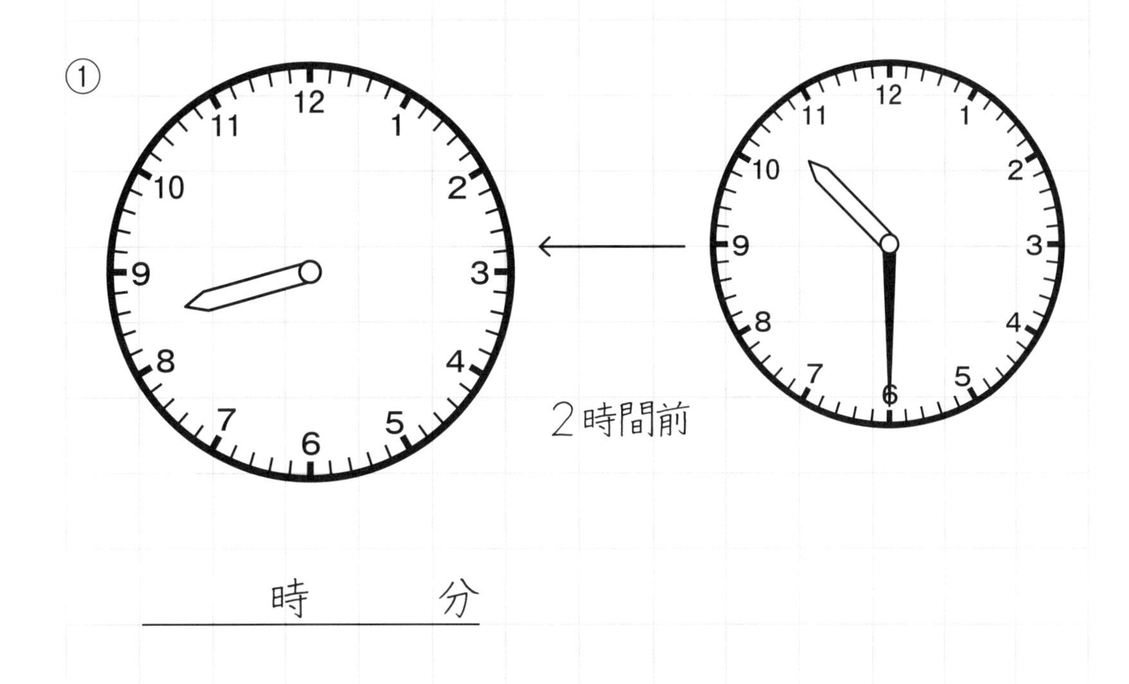


時　　　分

②

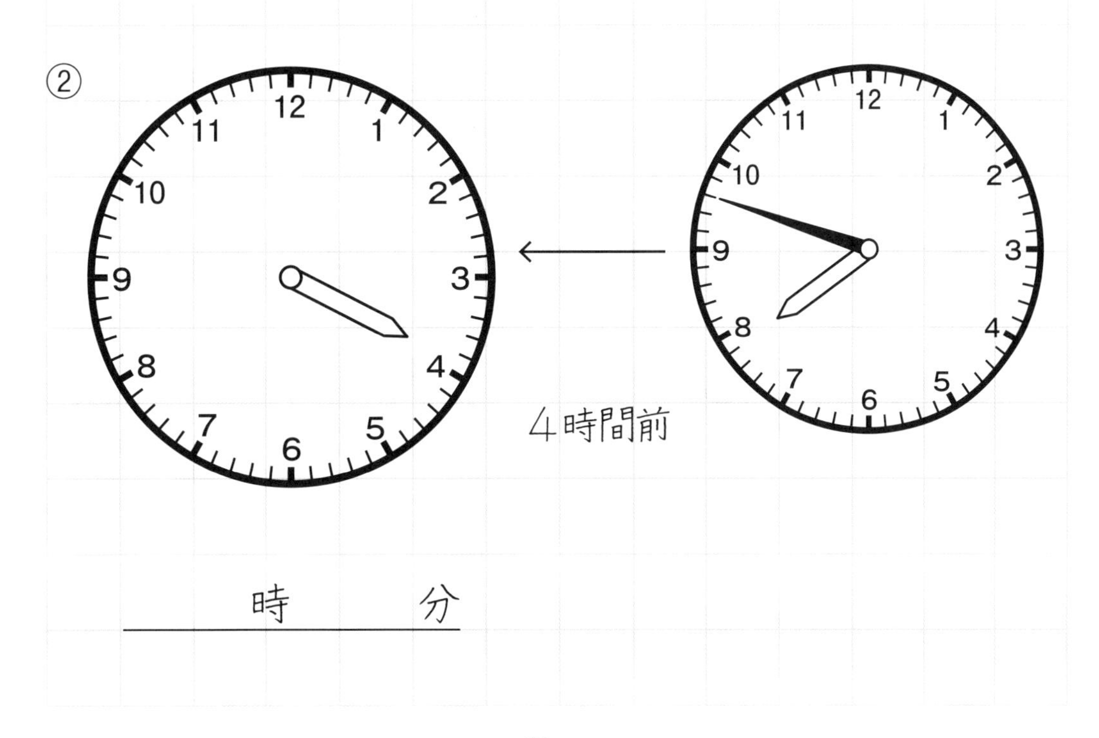


時　　　分

# 13 時こくと時間 (3)

1 時こくをかき、時計の長いはりをかきましょう。

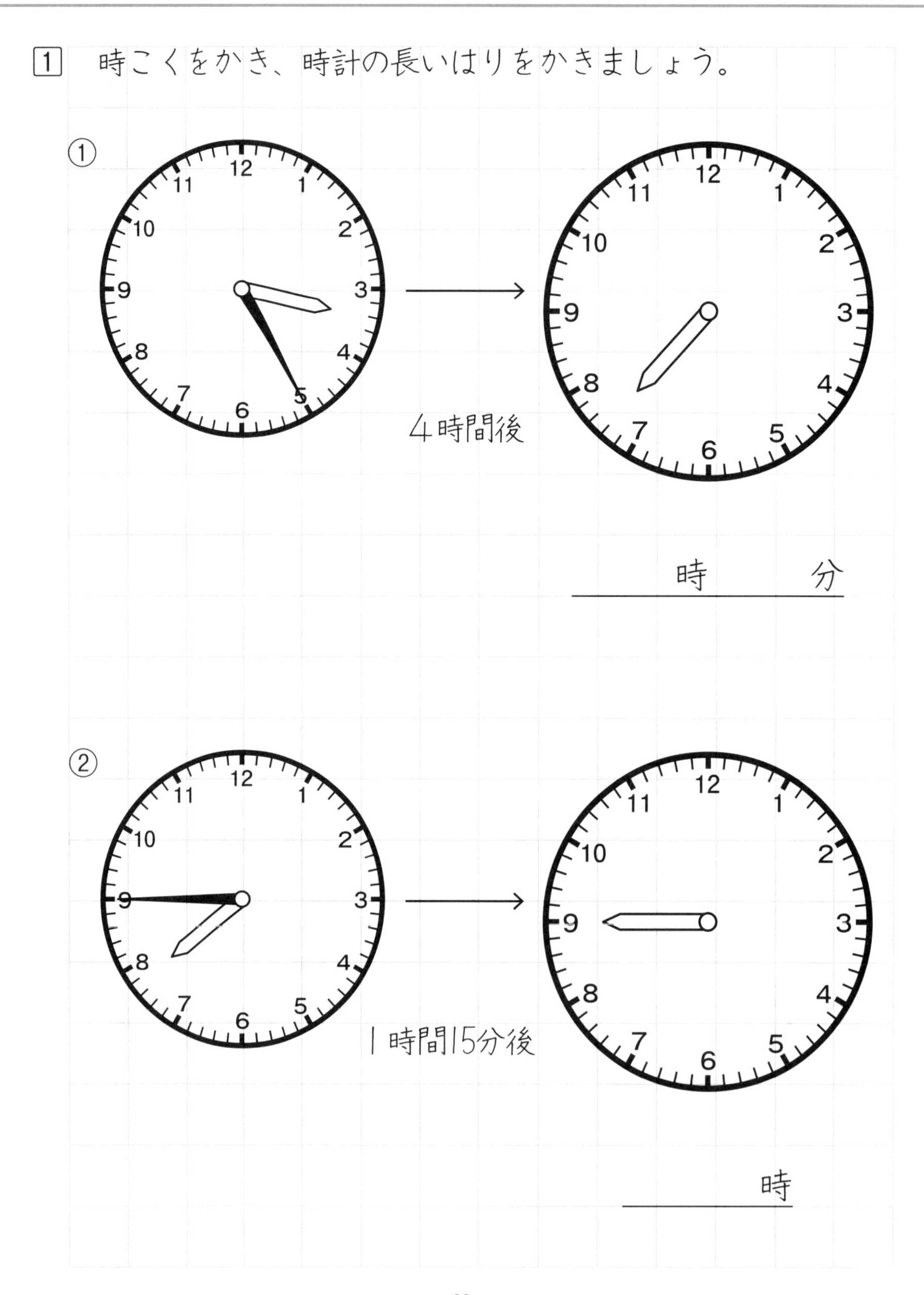

学習日　月　日　点/4点　名前

2　時こくをかき、時計の長いはりをかきましょう。

①

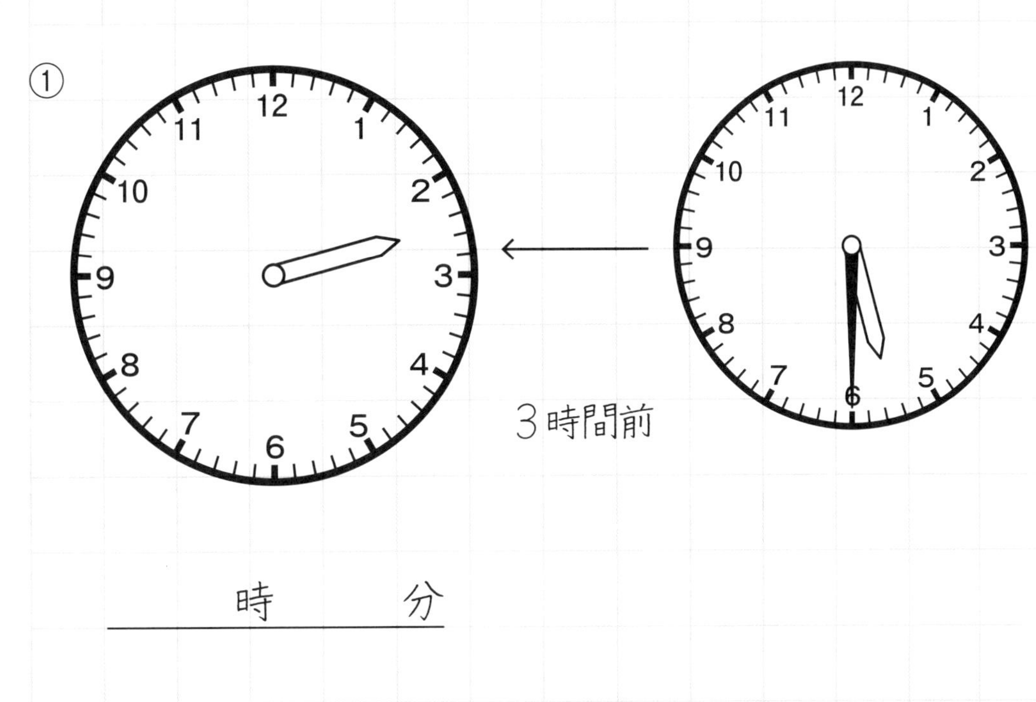


時　分

②

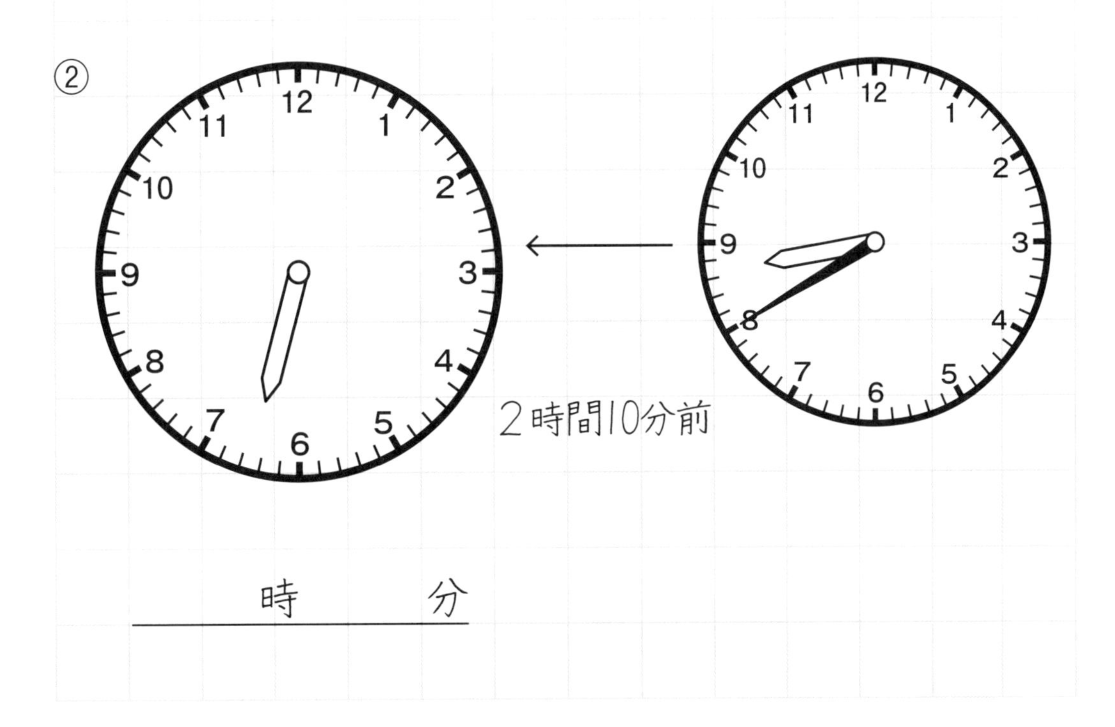


時　分

# 14 午前と午後（1）

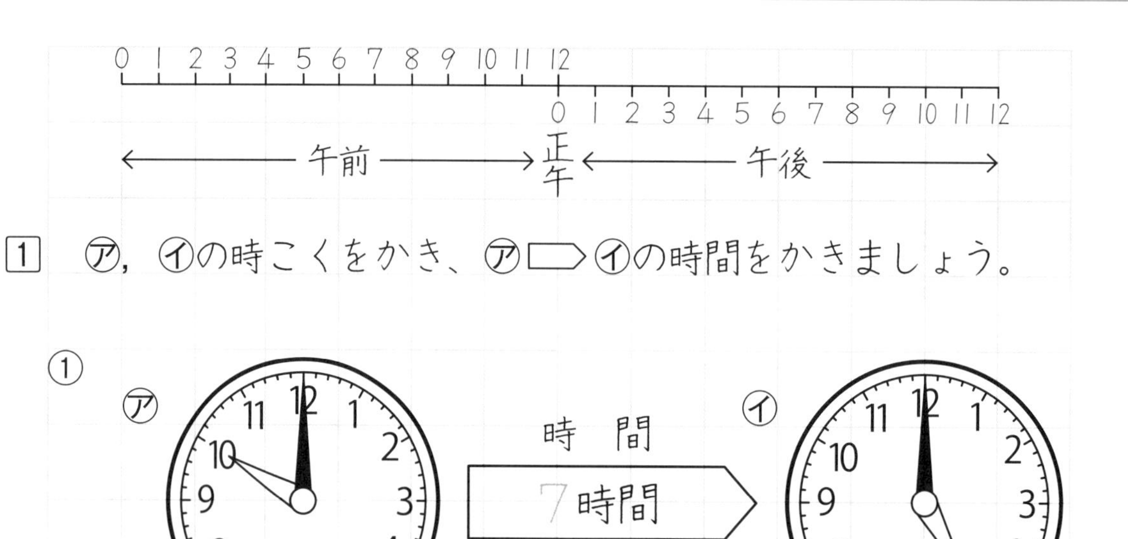


1　㋐，㋑の時こくをかき、㋐➡㋑の時間をかきましょう。

①

㋐　　時間 7 時間　　㋑

午前 10 時　　午後　　時

②

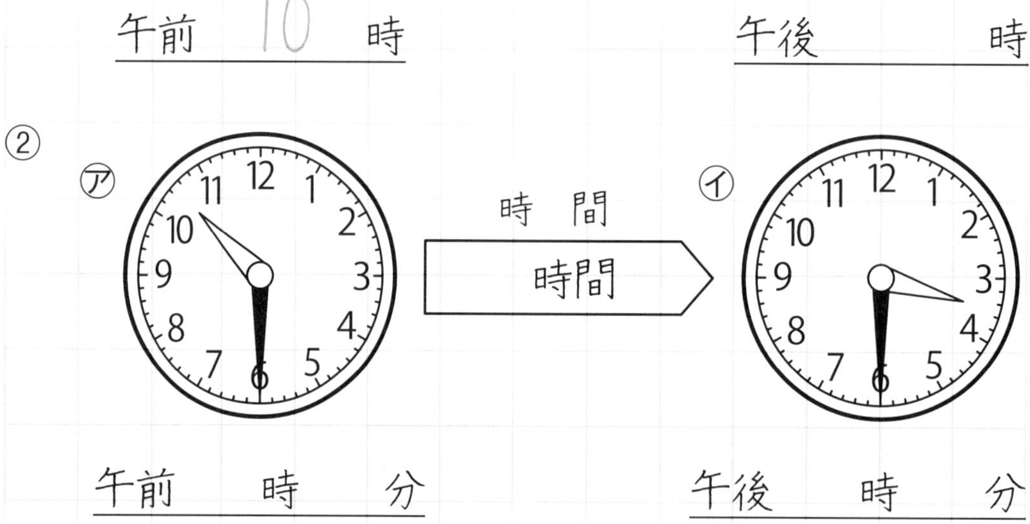

㋐　　時間　時間　　㋑

午前　　時　　分　　午後　　時　　分

2　つぎの□にあてはまる数をかきましょう。

午前は ① □ 時間、午後は ② □ 時間、あわせて１日は ③ □ 時間です。３日は ④ □ 時間です。

ねらい
月　日
午前が12時間、午後が12時間、１日は24時間あります。午前と午後のさかいを正午といいます。

3　㋐，㋑の時こくをかき、㋐⇨㋑の時間をかきましょう。

①
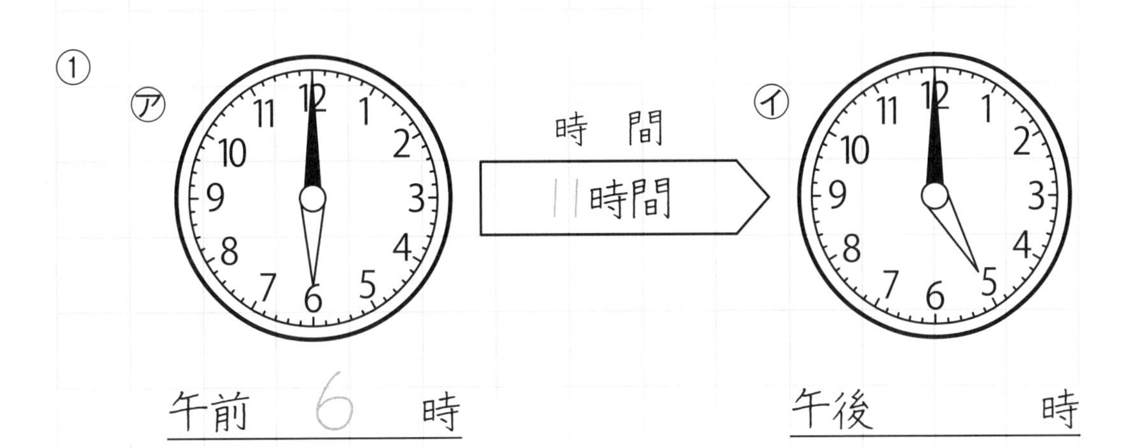


午前　6　時　　　　午後　　時

②
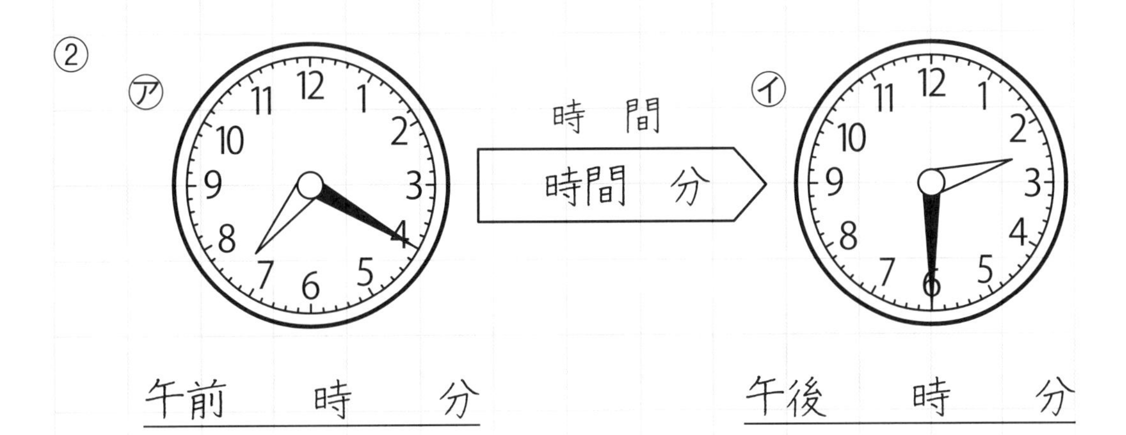


午前　　時　　分　　　　午後　　時　　分

4　時こくと生活を――でむすびましょう。

| | |
|---|---|
| ① 午前６時30分 • | • ねる |
| ② 午後６時30分 • | • おきる |
| ③ 午前９時 • | • 学習中（がくしゅうちゅう） |
| ④ 午後９時 • | • 夕食中 |

# 14 午前と午後 (1)

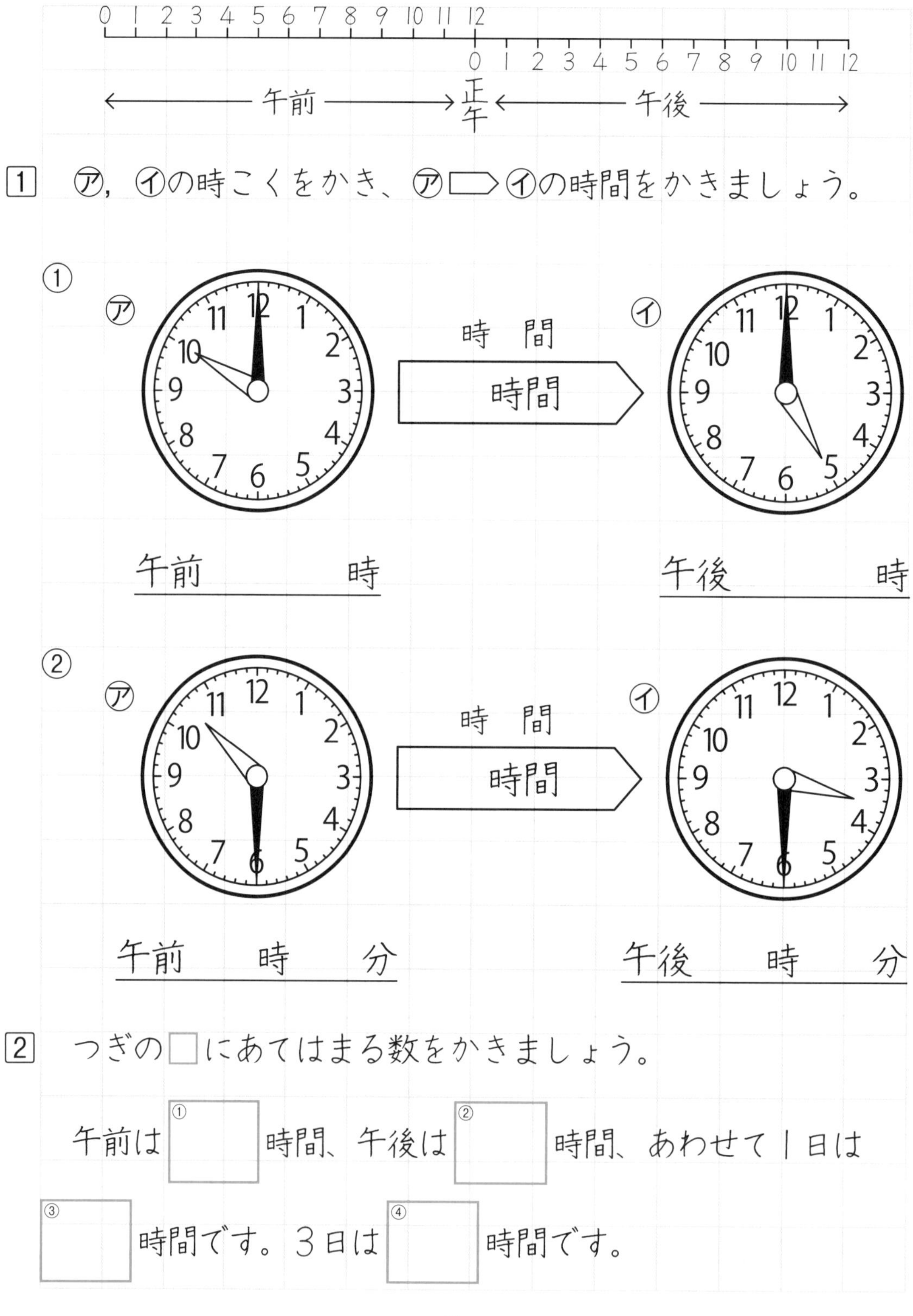


1 ㋐, ㋑の時こくをかき、㋐⇨㋑の時間をかきましょう。

①
㋐ 時間 ㋑

午前　　時　　　午後　　時

②
㋐ 時間 ㋑

午前　　時　　分　　　午後　　時　　分

2 つぎの□にあてはまる数をかきましょう。

午前は ① □ 時間、午後は ② □ 時間、あわせて1日は ③ □ 時間です。3日は ④ □ 時間です。

| 学習日 | | 名前 |
| --- | --- | --- |
| 月　日 | 点／12点 | |

3　㋐，㋑の時こくをかき、㋐⇨㋑の時間をかきましょう。

①

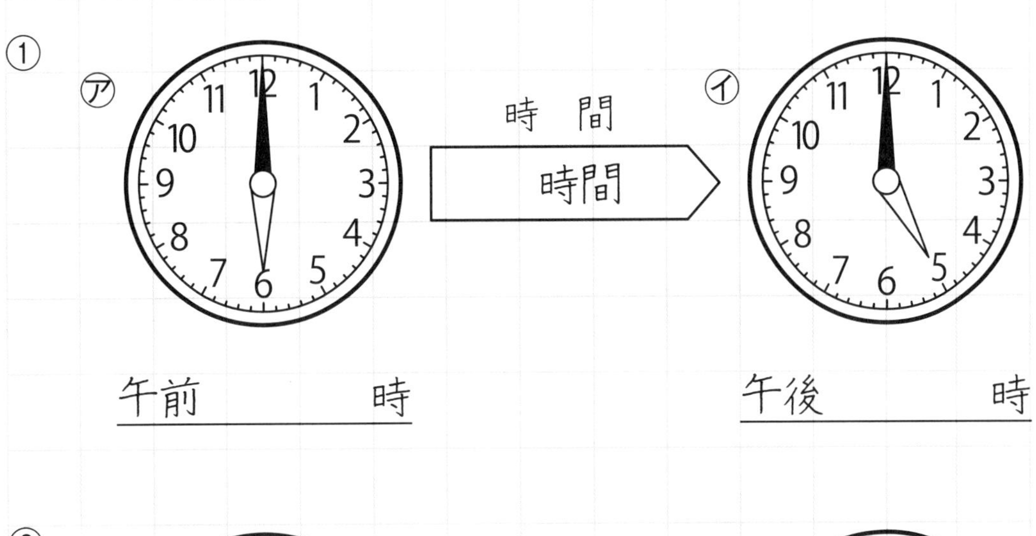


②

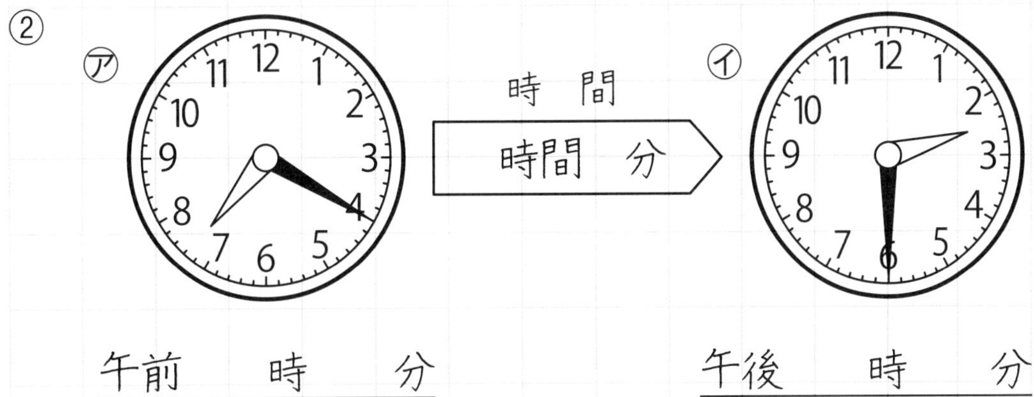


4　時こくと生活を──でむすびましょう。

① 午前6時30分 •　　　　• ねる

② 午後6時30分 •　　　　• おきる

③ 午前9時 •　　　　• 学習中（がくしゅうちゅう）

④ 午後9時 •　　　　• 夕食中

# 14 午前と午後 (1)

1 ㋐，㋑の時こくをかき、㋐⇨㋑の時間をかきましょう。

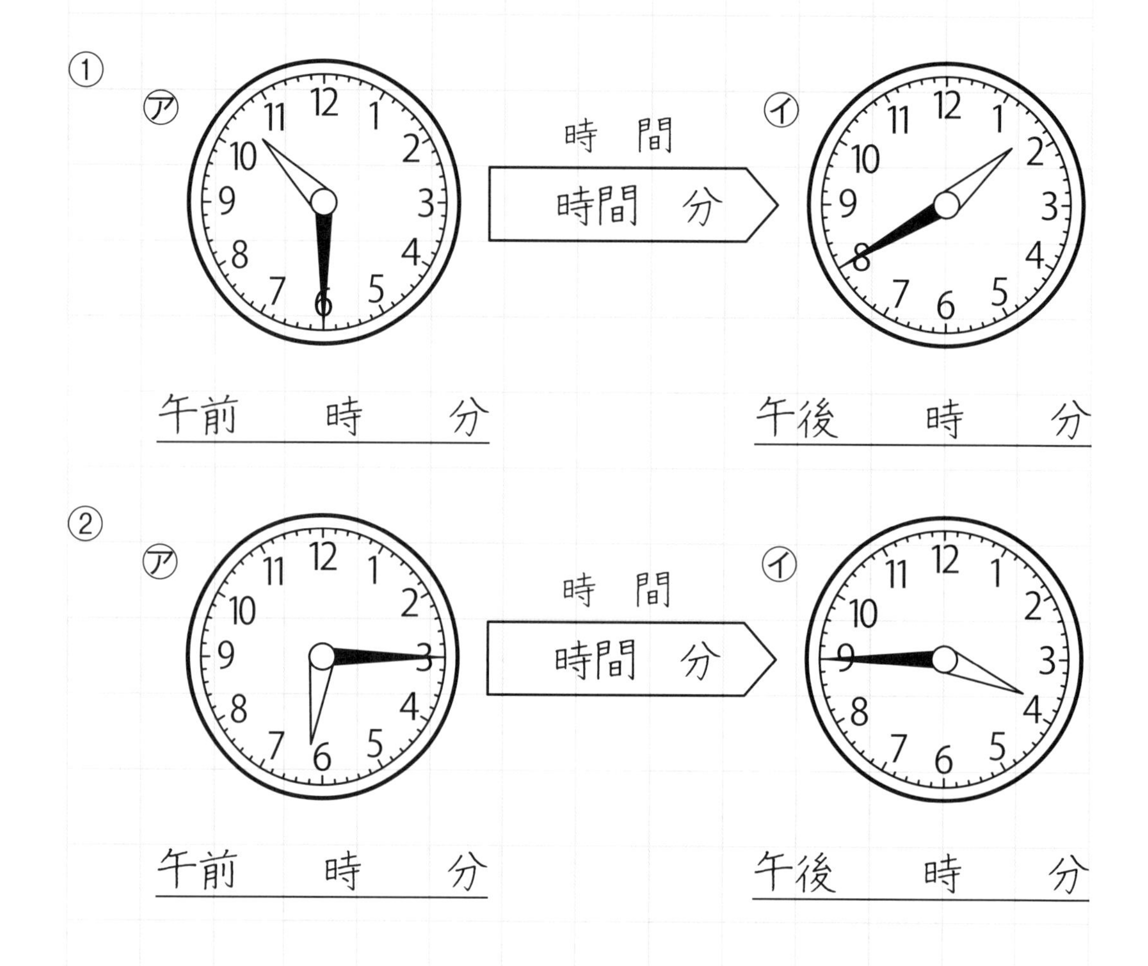


2 つぎの□にあてはまる数をかきましょう。

午前[①]時のことを正午といいます。正午は午後[②]時と同じです。１日は[③]時間あり、２日は[④]時間です。

学習日　月　日　　点/12点　名前

3　㋐，㋑の時こくをかき、㋐⇨㋑の時間をかきましょう。

①
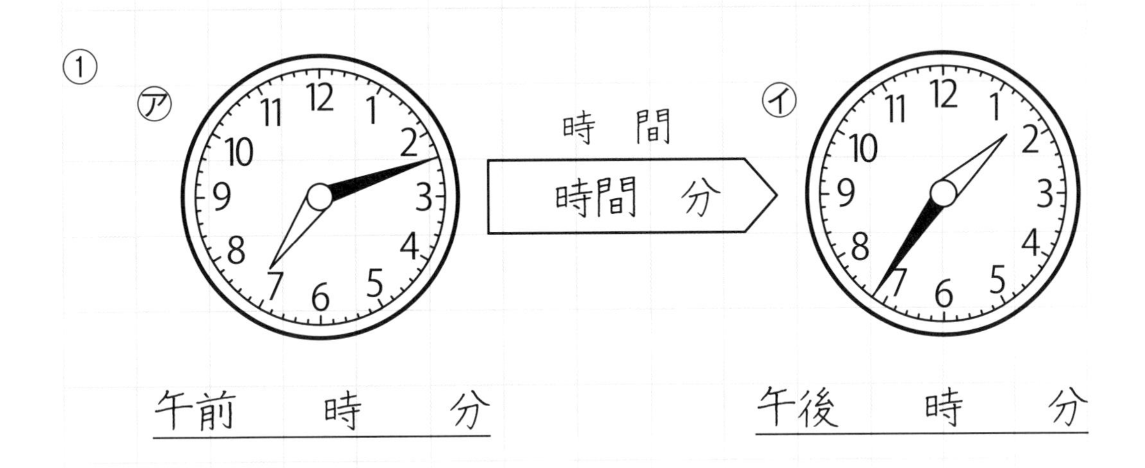


②
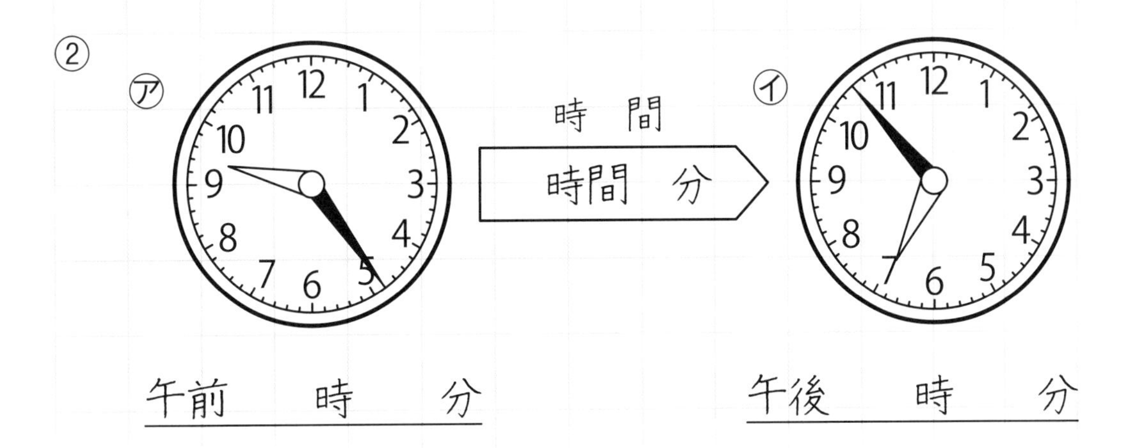


4　時こくと生活を――でむすびましょう。

① 午前7時10分 •　　　• 昼食中
② 午後7時10分 •　　　• 朝食中
③ 正午 •　　　• おやつ
④ 午後3時 •　　　• 夕食のかたづけ

# 15 午前と午後 (2)

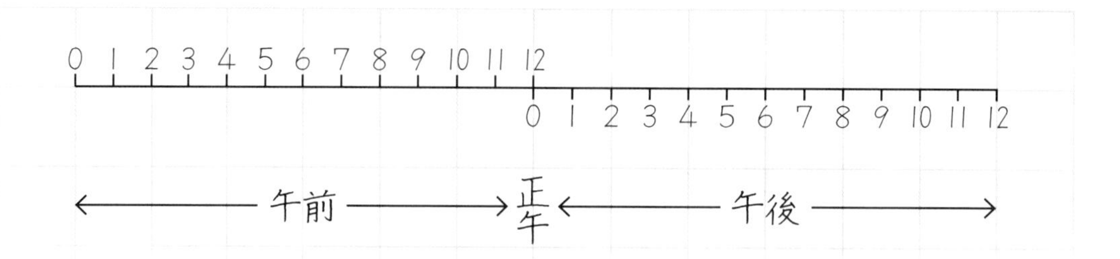


1　学校を午前８時40分に出て、１時間10分かかって、パン工場につきました。パン工場についたのは午前何時何分ですか。

しき　８時40分＋１時間10分＝９時50分

答え ＿＿＿＿＿＿＿＿

2　パン工場で午前10時10分から工場見学をしました。
　見学がおわったのが、ちょうど午前11時でした。工場見学にかかった時間は何分間ですか。

しき

答え ＿＿＿＿＿＿＿＿

ねらい　1日の行動を文章題にしました。午前から午後にまたがるときの時間の計算に気をつけましょう。

月　日

3　パン工場を午前11時30分に出て、1時間10分かかって、学校に帰りました。学校に帰った時こくは午後何時何分ですか。

しき

答え

4　工場見学のまとめをしました。午後2時10分から、午後2時50分までノートにかきました。工場見学のまとめにかかった時間は何分間ですか。

しき

答え

5　下校は、午後3時です。学校を午前8時40分に工場見学へ出てから、下校時までは何時間何分ですか。

しき

答え

# 15 午前と午後 (2)

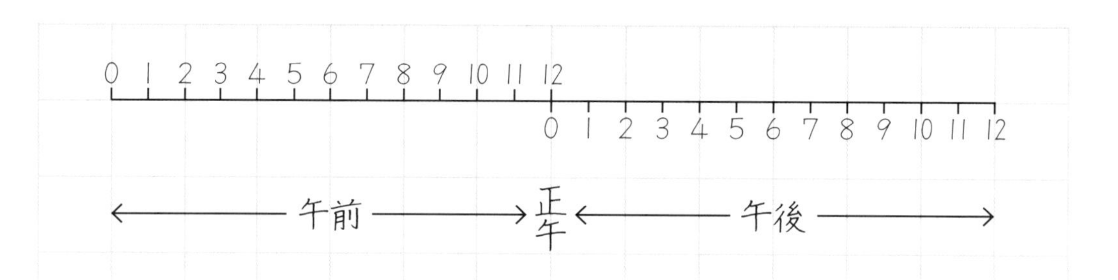


1　学校を午前８時40分に出て、１時間10分かかって、パン工場につきました。パン工場についたのは午前何時何分ですか。

しき

答え

2　パン工場で午前10時10分から工場見学をしました。
　見学がおわったのが、ちょうど午前11時でした。工場見学にかかった時間は何分間ですか。

しき

答え

| 学習日 | | 名前 |
| --- | --- | --- |
| 月　日 | 点／5点 | |

3　パン工場を午前11時30分に出て、1時間10分かかって、学校に帰りました。学校に帰った時こくは午後何時何分ですか。

しき

答え

4　工場見学のまとめをしました。午後2時10分から、午後2時50分までノートにかきました。工場見学のまとめにかかった時間は何分間ですか。

しき

答え

5　下校は、午後3時です。学校を午前8時40分に工場見学へ出てから、下校時までは何時間何分ですか。

しき

答え

# 15 午前と午後 (2)

1　家を午前9時30分に出て、40分間歩いて公園につきました。公園についた時こくは、午前何時何分ですか。

しき

答え

2　公園についたあと、友だちとあそぶやくそくをしました。午前10時20分からあそびはじめ、午前11時30分まであそびました。何時間何分あそびましたか。

しき

答え

3　公園を午前11時45分に出て、40分間歩いて、家に帰りました。家についたのは午後何時何分ですか。

しき

答え

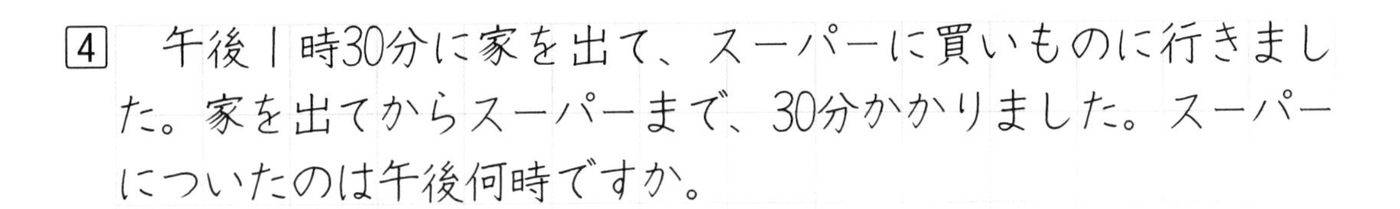


4　午後１時30分に家を出て、スーパーに買いものに行きました。家を出てからスーパーまで、30分かかりました。スーパーについたのは午後何時ですか。

しき

答え

5　スーパーについてから、買いものをしました。買いものがおわったのは午後２時30分でした。買いものにかかった時間は何分間ですか。

しき

答え

6　家を午前９時30分に出てから、午後２時30分までの間の時間は何時間ですか。

しき

答え

# 16 24時であらわす

0 1 2 3 4 5 6 7 8 9 10 11 12 13 14 15 16 17 18 19 20 21 22 23 24

午後 1 2 3 4 5 6 7 8 9 10 11 12

1 午前、午後の時こくを0～24時であらわしましょう。

① 午前5時

答え 5時

② 午前10時

答え

③ 午後5時

答え 17時

④ 午後10時

答え

⑤ 午前9時25分

答え

⑥ 午後4時40分

答え

⑦ 午後6時30分

答え

⑧ 午前11時30分の4時間後

答え

ねらい　24時で時こくをあらわすと、時間の計算が楽になります。午後５時は、24時であらわすと５＋12＝17で17時です。

月　日

2　つぎの時間をもとめましょう。

① 午前８時から午前12時まで

しき　12−8＝

答え ＿＿＿＿

② 午後３時から午後７時まで

しき

答え ＿＿＿＿

③ 午前９時から午後３時まで

午後３時は24時であらわすと 15 時だから

しき

答え ＿＿＿＿

④ 午前10時から午後７時まで

しき

答え ＿＿＿＿

# 16 24時であらわす

0 1 2 3 4 5 6 7 8 9 10 11 12 13 14 15 16 17 18 19 20 21 22 23 24

午後 1 2 3 4 5 6 7 8 9 10 11 12

1 午前、午後の時こくを0～24時であらわしましょう。

① 午前5時

答え

② 午前10時

答え

③ 午後5時

答え

④ 午後10時

答え

⑤ 午前9時25分

答え

⑥ 午後4時40分

答え

⑦ 午後6時30分

答え

⑧ 午前11時30分の4時間後

答え

学習日　月　日　　点/12点　名前

2 つぎの時間をもとめましょう。

① 午前8時から午前12時まで

しき

答え

② 午後3時から午後7時まで

しき

答え

③ 午前9時から午後3時まで

午後3時は24時であらわすと □ 時だから

しき

答え

④ 午前10時から午後7時まで

しき

答え

# 16 24時であらわす

1 午前、午後の時こくを0～24時であらわしましょう。

① 午前6時

答え

② 午前8時

答え

③ 午後6時

答え

④ 午後8時

答え

⑤ 午前10時35分

答え

⑥ 午後7時20分

答え

⑦ 午後9時55分

答え

⑧ 午前11時20分の6時間後

答え

学習日
月　日

点/12点　名前

2　つぎの時間をもとめましょう。

① 午前7時から午前11時まで

しき

答え

② 午後2時から午後10時まで

しき

答え

③ 午前8時から午後4時まで

しき

答え

④ 午前7時から午後2時まで

しき

答え

# ①　時間と時こく
# 答　え

【P.6～7，8～9】

## 1　時計 (1)

1　①

②　2時

③　3時

2　①

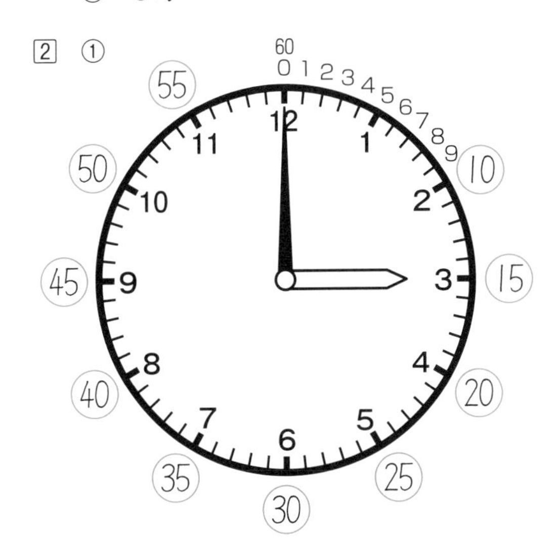

②　3時

③　2時

【P.10～11】

## 1　時計 (1)

1　①

②　7時

③　9時

2　①

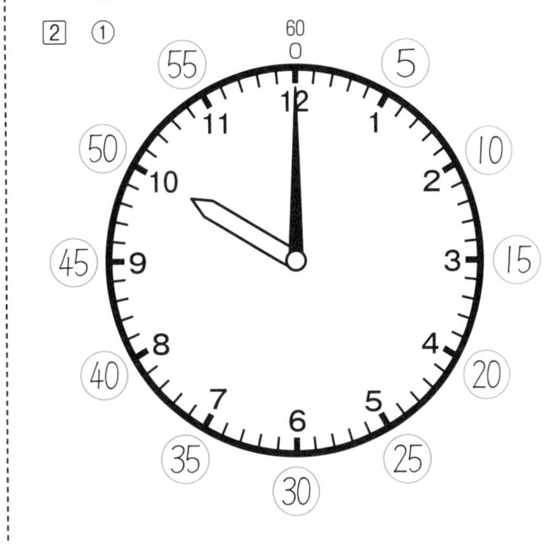

②　10時

③　8時

答え

【P.12～13, 14～15】

## 2 時計 (2)

1 6時

2

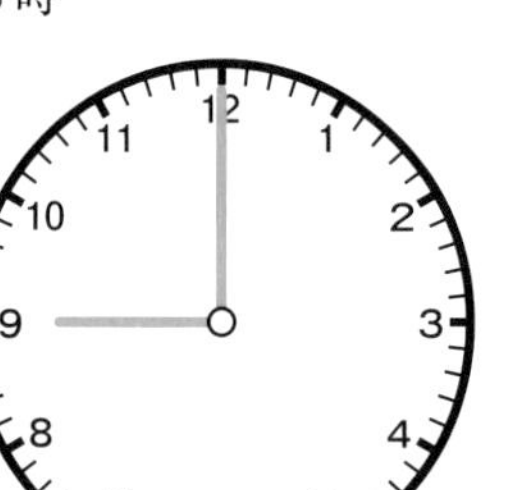

3 8時

4

**おうちの方へ** 時計の読み方をゆっくりていねいに学習していきましょう。

【P.16～17】

## 2 時計 (2)

1 10時

2

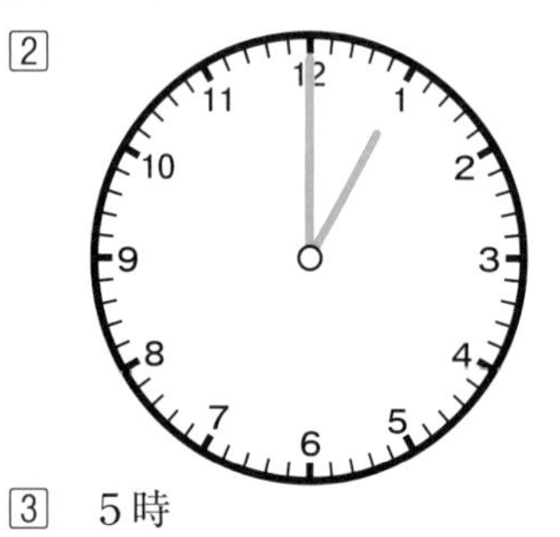

3 5時

4

【P.18～19, 20～21】

## 3 時こくを読む (1)

1 ① 3時 ② 3時30分

③ 8時 ④ 8時30分

2 ① 2時30分 ② 2時

③ 9時30分 ④ 10時

【P.22～23】

## 3 時こくを読む (1)

1 ① 1時 ② 11時

③ 1時30分 ④ 11時30分

2 ① 7時 ② 5時

③ 7時30分 ④ 5時30分

【P.24～25, 26～27】

## 4 時こくを読む (2)

1 ① 1時15分 ② 1時30分

③ 1時45分 ④ 1時55分

2 ① 7時12分 ② 7時24分

③ 7時36分 ④ 7時48分

【P.28～29】

## 4 時こくを読む (2)

1 ① 11時48分 ② 2時24分

③ 12時31分 ④ 8時12分

2 ① 6時7分 ② 7時20分

③ 5時39分 ④ 5時50分

【P.30～31, 32～33】

## 5 時こくを読む (3)

1 ① 6時14分 ② 3時46分

③ 8時13分 ④ 9時28分

2 ① 7時8分 ② 7時31分

③ 7時52分 ④ 7時58分

**おうちの方へ** 時計を読むことになれましたか。正しく読めたね。

【P.34 ～35】

## 5　時こくを読む (3)

1　① 12時30分　② 4時31分

　③ 8時48分　④ 6時24分

2　① 11時18分　② 2時49分

　③ 2時43分　④ 7時27分

【P.36 ～37, 38 ～39】

## 6　時こくをあらわす (1)

1　① 1時　② 11時

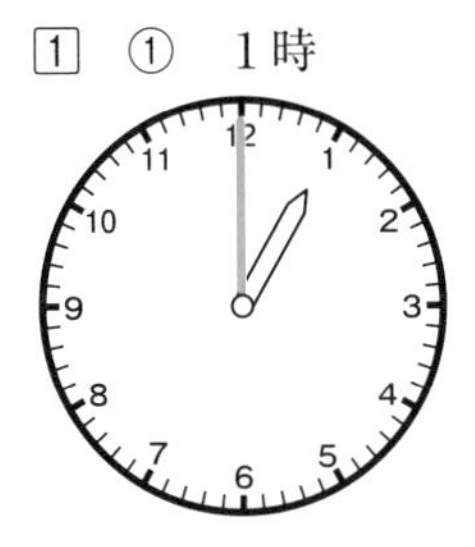

③ 5時　④ 9時

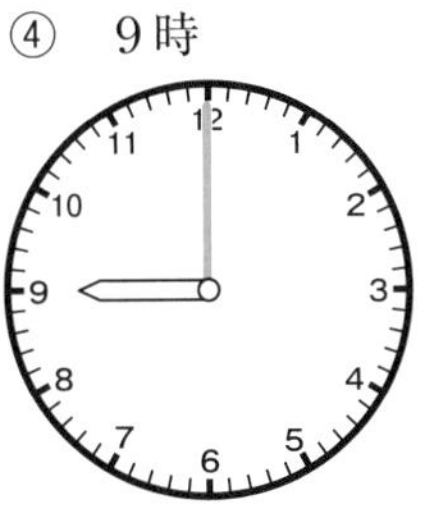

2　① 8時　② 2時

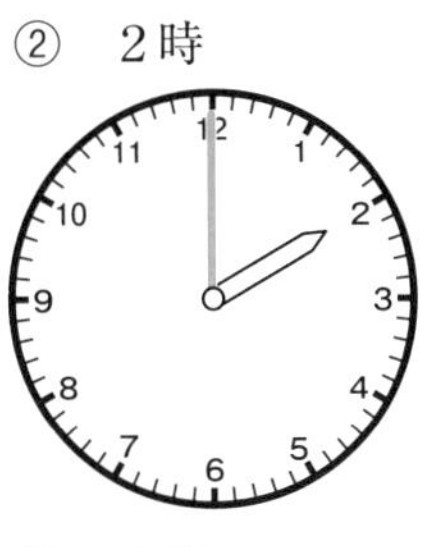

③ 4時　④ 6時

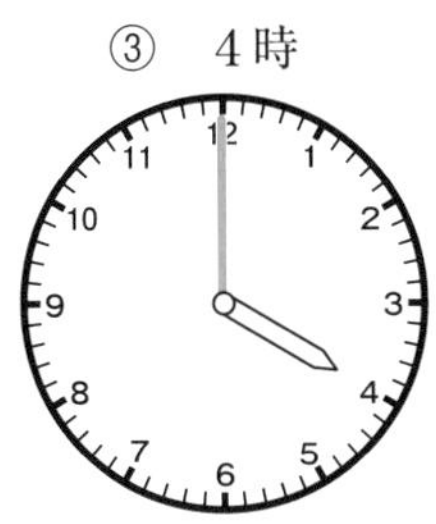
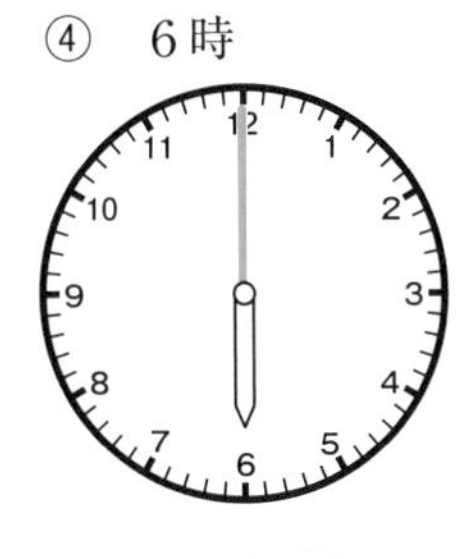

**おうちの方へ**　1時ちょうどのとき時計の長いはりは、12をさします。

【P.40 ～41】

## 6　時こくをあらわす (1)

1　① 3時　② 7時

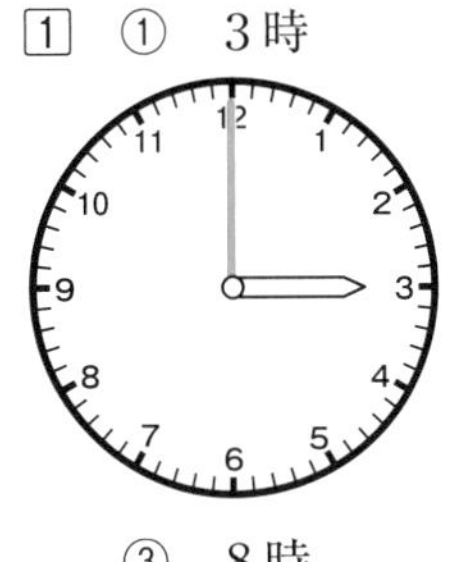
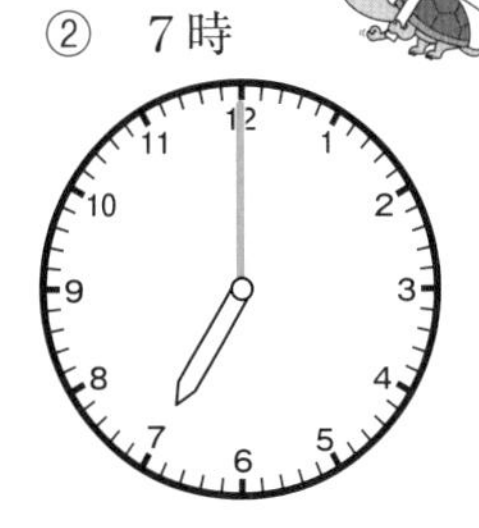

③ 8時　④ 2時

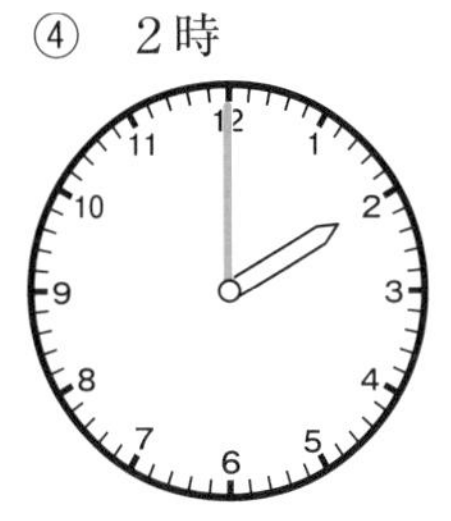

2　① 12時　② 10時

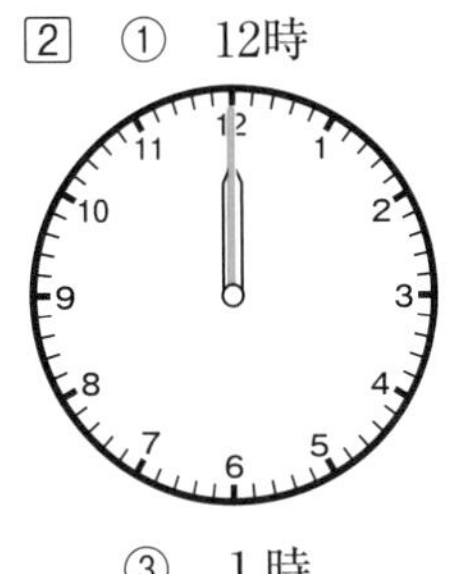
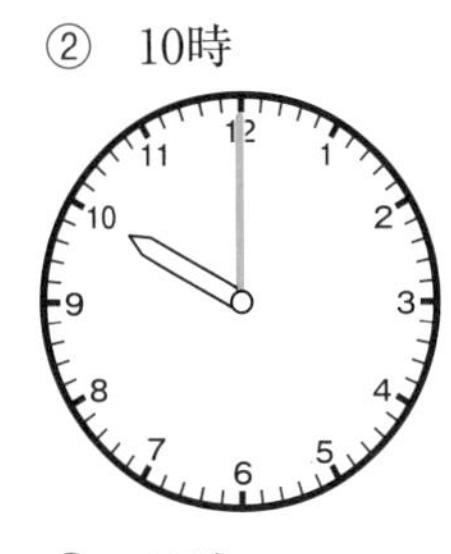

③ 1時　④ 11時

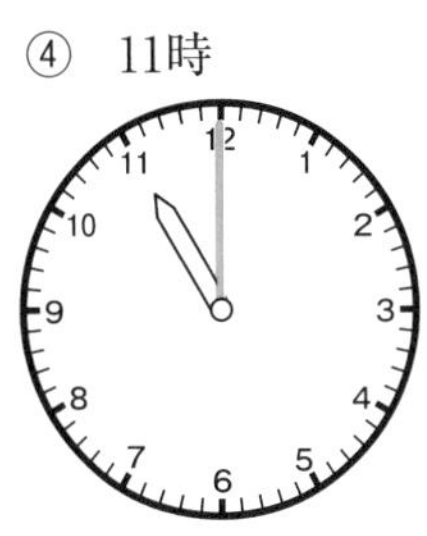

【P.42 ～43, 44 ～45】

## 7　時こくをあらわす (2)

1　① 3時30分　② 2時15分

答え

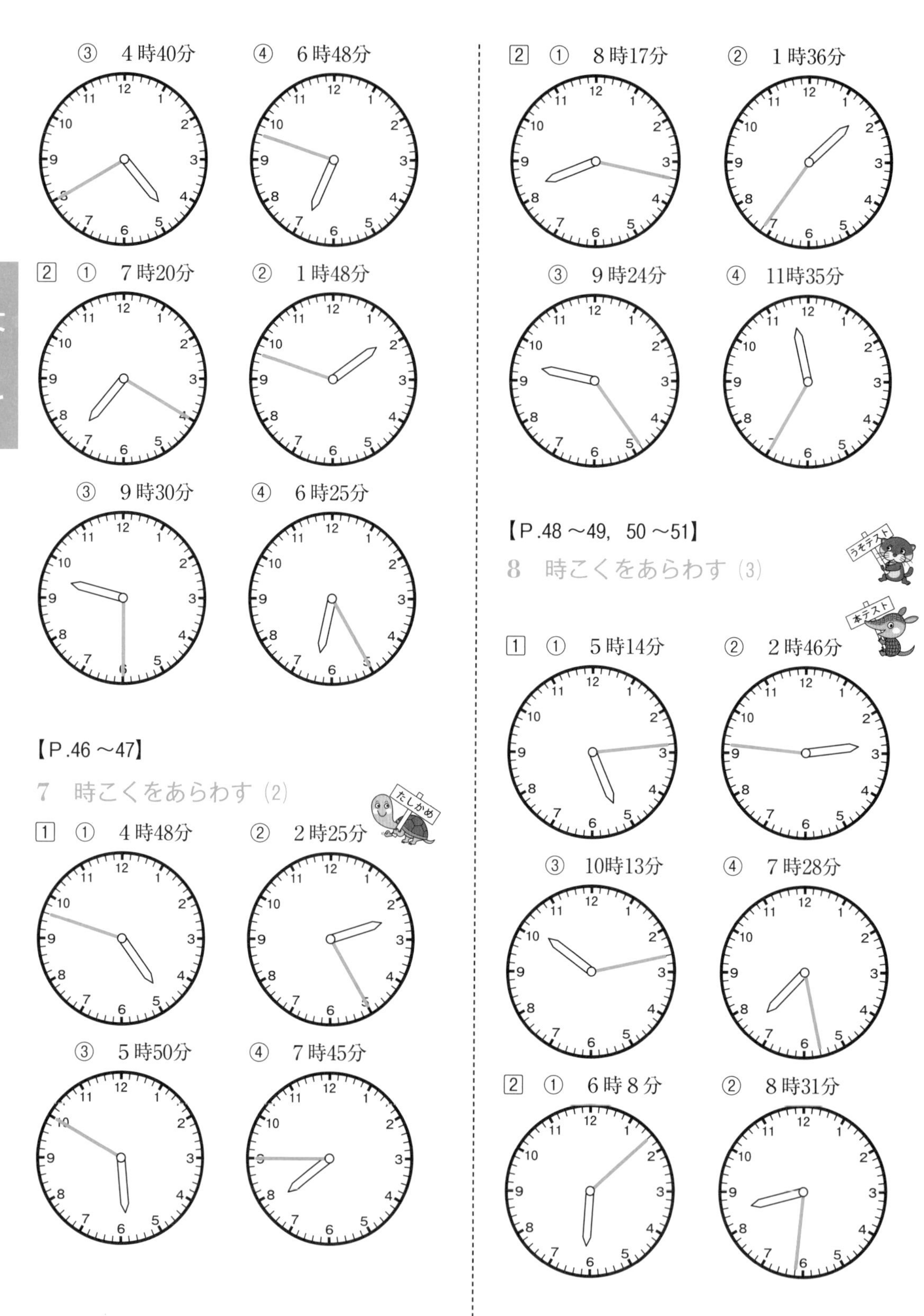

答え
③ 4時40分
④ 6時48分
2 ① 7時20分
② 1時48分
③ 9時30分
④ 6時25分
【P.46～47】
7 時こくをあらわす (2)
たしかめ
1 ① 4時48分
② 2時25分
③ 5時50分
④ 7時45分
2 ① 8時17分
② 1時36分
③ 9時24分
④ 11時35分
【P.48～49, 50～51】
8 時こくをあらわす (3)
うそテスト
本テスト
1 ① 5時14分
② 2時46分
③ 10時13分
④ 7時28分
2 ① 6時8分
② 8時31分

③　7時52分　　④　8時58分

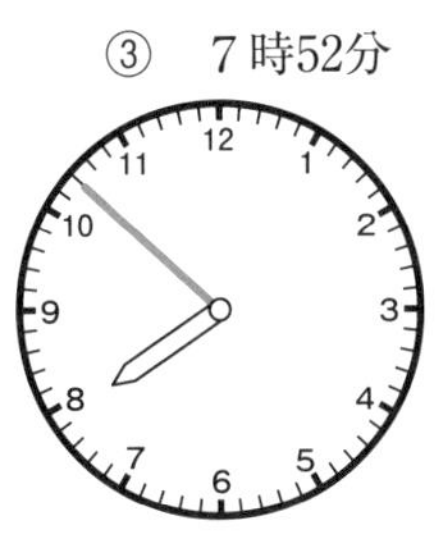

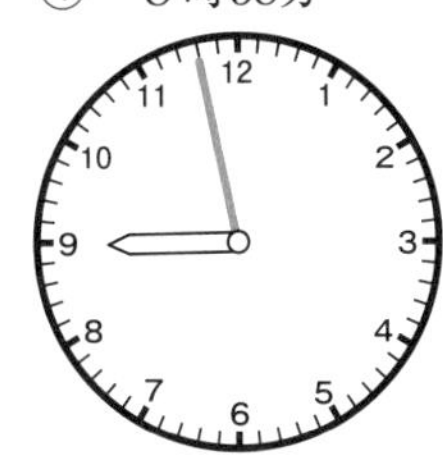

【P.52～53】

## 8　時こくをあらわす（3）

1　①　11時30分　　②　9時36分

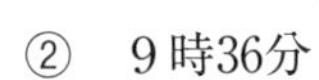

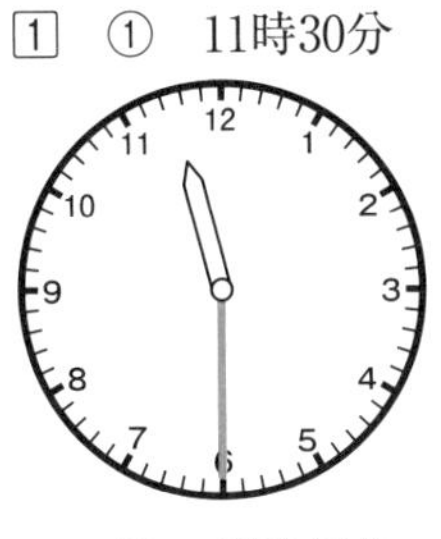

③　6時48分　　④　2時24分

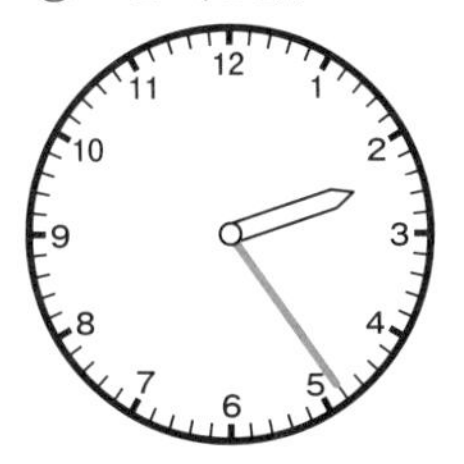

2　①　3時43分　　②　1時29分

③　12時18分　　④　6時55分

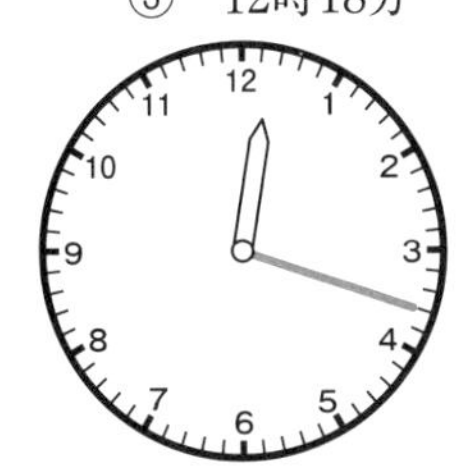

【P.54～55，56～57】

## 9　時間・分・秒（1）

1　①　120分
　②　300分
　③　70分
　④　90分
　⑤　200分

2　①　3時間
　②　3時間20分
　③　5時間
　④　5時間40分
　⑤　3時間35分

3　①　180分
　②　240分
　③　100分
　④　220分
　⑤　350分

4　①　2時間
　②　2時間30分
　③　3時間40分
　④　6時間20分
　⑤　5時間25分

**おうちの方へ**　時間を分に直したり、分を時間に直したりします。

【P.58～59】

## 9　時間・分・秒（1）

1　①　360分

　②　540分
　③　80分
　④　150分
　⑤　275分

2　①　2時間40分
　②　3時間30分
　③　5時間5分
　④　3時間15分
　⑤　4時間25分

答え

3 ① 480分
② 600分
③ 105分
④ 165分
⑤ 235分

4 ① 5時間15分
② 4時間55分
③ 2時間55分
④ 6時間45分
⑤ 3時間55分

【P.60 ～61，62 ～63】

## 10　時間・分・秒 (2)

1 ① 60秒
② 120秒
③ 140秒
④ 210秒
⑤ 285秒

2 ① 3分20秒
② 6分40秒
③ 5分
④ 3分55秒
⑤ 6分55秒

3 ① 240秒
② 180秒
③ 250秒
④ 330秒
⑤ 165秒

4 ① 3分30秒
② 5分30秒
③ 6分45秒
④ 4分15秒
⑤ 6分25秒

**おうちの方へ** 「分」は2年生の教材ですが、「秒」は3年生の教材です。1分=60秒で直します。

【P.64 ～65】

## 10　時間・分・秒 (2)

1 ① 420秒
② 600秒
③ 290秒
④ 230秒
⑤ 175秒

2 ① 3分50秒
② 5分40秒
③ 8分20秒
④ 7分15秒
⑤ 8分55秒

3 ① 540秒
② 480秒
③ 325秒
④ 280秒
⑤ 225秒

4 ① 4分20秒
② 6分30秒
③ 8分35秒
④ 7分35秒
⑤ 10分25秒

【P.66 ～67，68 ～69】

## 11　時こくと時間 (1)

1 ① ㋐ 6時
㋑ 7時

② ㋐ 4時
㋑ 7時

③ ㋐ 2時
㋑ 7時

2 ① ㋐ 8時
㋑ 8時30分

② ㋐ 8時
㋑ 10時20分

③ ㋐ 8時
㋑ 9時15分

【P.70～71】

## 11 時こくと時間（1）

1 ① ㋐ 7時
㋑ 10時

② ㋐ 4時30分
㋑ 6時30分

③ ㋐ 1時10分
㋑ 5時10分

2 ① ㋐ 3時5分
㋑ 5時5分

② ㋐ 8時24分
㋑ 9時36分

③ ㋐ 10時12分
㋑ 11時36分

【P.72～73，74～75】

## 12 時こくと時間（2）

1 ① ㋐ 7時
㋑ 8時24分

② ㋐ 2時
㋑ 4時36分

③ ㋐ 3時
㋑ 6時48分

2 ① ㋐ 6時10分
㋑ 8時20分

答え

② ㋐ 10時20分

㋑ 11時30分

③ ㋐ 1時15分

㋑ 4時45分

【P.76 ～77】

## 12 時こくと時間 (2)

1 ① ㋐ 1時30分

㋑ 5時50分

② ㋐ 10時24分

㋑ 11時48分

③ ㋐ 5時20分

㋑ 8時36分

2 ① ㋐ 6時26分

㋑ 8時32分

② ㋐ 2時29分

㋑ 5時36分

③ ㋐ 3時34分

㋑ 4時42分

【P.78 ～79，80 ～81】

## 13 時こくと時間 (3)

1 ① 4時30分

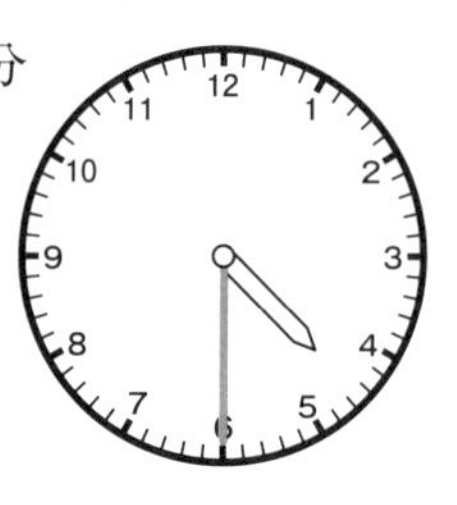

② 7時48分

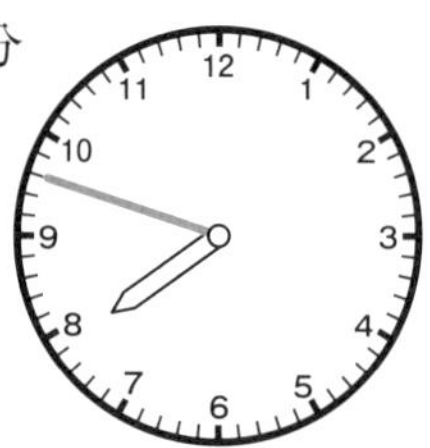

2 ① 8時30分

② 3時48分

【P.82 ～83】

## 13 時こくと時間 (3)

1 ① 7時25分

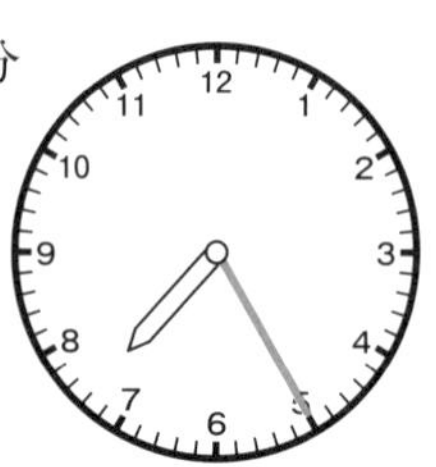

② 9時

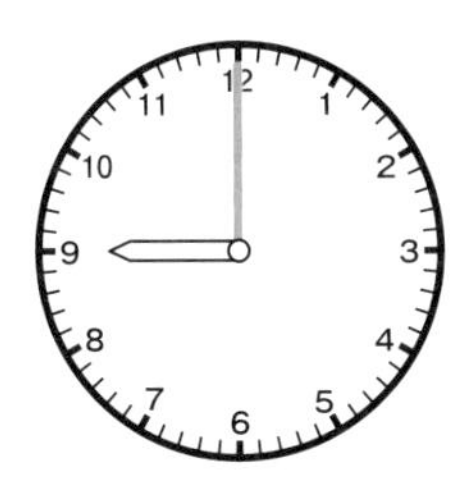


2 ① 2時30分

② 6時30分

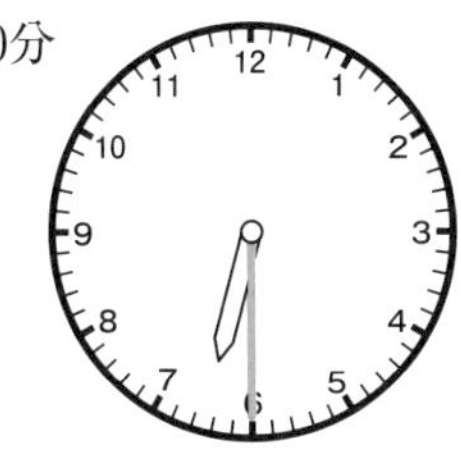


【P.84 ～85, 86 ～87】

## 14 午前と午後（1）

1 ① ㋐ 午前10時，7時間

㋑ 午後5時

② ㋐ 午前10時30分，5時間

㋑ 午後3時30分

2 ① 12 ② 12 ③ 24 ④ 72

3 ① ㋐ 午前6時，11時間

㋑ 午後5時

② ㋐ 午前7時20分，7時間10分

㋑ 午後2時30分

4 ① 午前6時30分 ② 午後6時30分 ③ 午前9時 ④ 午後9時

ねる おきる 学習中 夕食中

【P.88 ～89】

## 14 午前と午後（1）

1 ① ㋐ 午前10時30分，3時間10分

㋑ 午後1時40分

② ㋐ 午前6時15分，9時間30分

㋑ 午後3時45分

2 ① 12 ② 0 ③ 24 ④ 48

3 ① ㋐ 午前7時12分，6時間24分

㋑ 午後1時36分

② ㋐ 午前9時24分，9時間29分

㋑ 午後6時53分

4 ① 午前7時10分 ② 午後7時10分 ③ 正午 ④ 午後3時

昼食中 朝食中 おやつ 夕食のかたづけ

【P.90 ～91, 92 ～93】

## 15 午前と午後（2）

1 8時40分＋1時間10分＝9時50分

午前9時50分

2 11時00分－10時10分＝50分

50分間

3 11時30分＋1時間10分＝12時40分

午後0時40分

4 2時50分－2時10分＝40分

40分間

5 午前中 3時間20分

午後は 3時間

6時間20分間

【P.94 ～95】

## 15 午前と午後（2）

1 9時30分＋40分＝10時10分

午前10時10分

2 11時30分－10時20分＝1時間10分

1時間10分間

3 11時45分＋40分＝12時25分

午後0時25分

4 1時30分＋30分＝2時

午後2時

5 2時30分－2時＝30分

30分間

6 午前中 2時間30分
午後は 2時間30分

5時間

答え

【P.96～97，98～99】

## 16 24時であらわす

1
① 5時
② 10時
③ 17時
④ 22時
⑤ 9時25分
⑥ 16時40分
⑦ 18時30分
⑧ 15時30分

2
① 12－8＝4 4時間
② 7－3＝4 4時間
③ 15－9＝6 6時間
④ 午後7時は24時であらわすと19時だから 19－10＝9 9時間

【P.100～101】

## 16 24時であらわす

1

① 6時
② 8時
③ 18時
④ 20時
⑤ 10時35分
⑥ 19時20分
⑦ 21時55分
⑧ 17時20分

2
① 11－7＝4 4時間
② 10－2＝8 8時間
③ 午後4時は24時であらわすと16時だから 16－8＝8 8時間
④ 午後2時は24時であらわすと14時だから 14－7＝7 7時間